阅读成就思想……

Read to Achieve

THE ROOT OF
THOUGHT

UNLOCKING GLIA—THE BRAIN CELL THAT WILL HELP US
SHARPEN OUR WITS, HEAL INJURY, AND TREAT BRAIN DISEASE

脑洞大开

探寻思想的根源

（美）安德鲁·科布（Andrew Koob）◎著

李淑玲◎译

中国人民大学出版社
·北京·

图书在版编目（CIP）数据

脑洞大开：探寻思想的根源 /（美）安德鲁·科布（Andrew Koob）著；
李淑玲译 . -- 北京：中国人民大学出版社，2018.1

书名原文：The Root of Thought:Unlocking Glia—The Brain Cell That Will Help
Us Sharpen Our Wits, Heal Injury, and Treat Brain Disease

ISBN 978-7-300-25168-4

Ⅰ . ①脑… Ⅱ . ①安… ②李… Ⅲ . ①神经胶质—神经元—研究 Ⅳ .
① Q421

中国版本图书馆 CIP 数据核字（2017）第 287815 号

脑洞大开：探寻思想的根源
[美] 安德鲁·科布　著
李淑玲　译
Naodong Dakai: Tanxun Sixiang de Genyuan

出版发行	中国人民大学出版社	
社　　址	北京中关村大街 31 号	**邮政编码**　100080
电　　话	010-62511242（总编室）	010-62511770（质管部）
	010-82501766（邮购部）	010-62514148（门市部）
	010-62515195（发行公司）	010-62515275（盗版举报）
网　　址	http://www.crup.com.cn	
	http://www.ttrnet.com（人大教研网）	
经　　销	新华书店	
印　　刷	北京宏伟双华印刷有限公司	
规　　格	148mm×210mm　32 开本	**版　次**　2018 年 1 月第 1 版
印　　张	6.625　插页 1	**印　次**　2019 年 1 月第 2 次印刷
字　　数	124 000	**定　价**　55.00 元

THE ROOT OF THOUGHT

译者序

对于认知行为疗法（CBT）感兴趣已经有很长一段时间了，因而希望有机会通过翻译一本相关英文原版书，来了解国外在CBT方面的一些新进展。最初拿到这本书的英文版时，大致翻看了一下，看到一些关于脑神经科学的词汇，瞬间有种此书属"CBT领域高大上"专业书的感觉。

而如今，从一个心理咨询领域从业人员的角度来回顾整个翻译过程和本书的所有内容，除了它所涉及的跟"思想"有关的生物学基础之外，实在看不出它跟CBT有什么关系。然而，这丝毫没有使我丧失对这本书的兴趣。

这本书旨在系统介绍"神经胶质细胞"这种在大脑中占有90%绝对优势地位细胞的重要功能。其实，我更愿意称之为"神经胶质细胞对神经元发起的自卫反击战"，因为它们被埋没太久了，并且因此导致了诸如脑部退行性疾病、脑肿瘤等众多领域研究的拖滞。如今，借由这本书所代表的脑神经科学方面的最新研究，神经胶质细胞终于可以扬眉吐气了，往日主仆倒置的日子终于可以结束了。而人们对于我们大脑中两大类细胞——神经元和神经胶质细胞的看法，也终于可以越来越归正了。

虽然这是一本脑神经科学方面的专业书，但是为了便于读者理解，本书作者采用了一个非常贴切的比喻——高速路和城市，来形容神经元和神经胶质细胞之间的关系。此外，作者还用了很多其他的比喻，力图用最通俗易懂的方式让读者了解神经胶质细胞的重要作用。

最后，还是要回到我所感兴趣的CBT，对于每一个对该疗法有兴趣的人，都应该读一下《脑洞大开：探寻思想的根源》这本书。毕竟，人的想法从来都不能脱离大脑这个人体重要部分而存在。如果将来能够更深入对想法与神经胶质细胞之间关系进行研究，无疑对于改变人的想法（特别是那些有害的想法）有很大帮助。谁知道呢，或许将来可以直接通过在神经胶质细胞上做一些工作，就可以使想法产生改变。那对于心理治疗领域而言，无疑将会是一个大好的消息。

本书的翻译还得到了张海卿、蔺梦娟、陈芳玲、杨洪涛、李超、康振英、宁波、郑春丽、孔德洁、张丹的帮助，在此一并表示感谢。

李淑玲

THE ROOT OF THOUGHT

目录

第 1 章　城市和高速路

早在 20 世纪 60 年代，人们发现神经胶质细胞（glial cell）占了大脑的 90%，神经元（neuron）则占 10%。根据这一新发现，理应得出如下结论：神经胶质细胞在神经系统中发挥主要作用。但事实并非如此，人们还是认为：我们只使用了我们大脑的 10%。

从很小的时候起，我们得到的信息都告诉我们，大脑中的主要细胞为神经元。类似的信息还有，神经元里保存着大脑中的所有信息。即便是在研究生阶段的学习中，神经元重要性的核心地位仍然是神经科学研究的基础。但是相对于科学真相，神经元学说已经演变得更像一个宗教，对那些有证据支持的最确定无疑的事实，如"我们只使用了我们大脑的 10%"依然置若罔闻。

　　然而，并不存在持续的论证或探索，来帮助我们了解我们的思想到底来源于哪里，我们的想象力住在哪里，我们的梦想从哪里点燃，以及创造力是如何发芽的。曾经有人用诸如"随机神经元放电"或"可相互连接性"等观点来解释这些未解之谜。但事实是，在大脑中，神经元是最不可能成为思想来源的细胞。

　　直到最近，人们还曾认为，神经胶质细胞相对于活跃神经元而言，只是结构部件而已，就像空隙一样，除了将大脑的各个部件——我们思想发动机的螺母、螺钉和框架黏合在一起之外，别无他用。

　　在该领域，神经元的重要性正被迫面临挑战。只有通过对神经胶质细胞进行研究，才可能真正实现脑损伤的恢复、脑部退行性疾病的归因、精神疾病的治疗，才可能真正了解人类智能。

　　之所以我们现在对神经胶质细胞的兴趣激增，有如下三个主要原因。第一，神经胶质细胞彼此之间以一种有益于信息存储的方式发送信号。第二，人们早就知道，神经胶质细胞是大多数脑肿瘤的细胞构成物。第三，如今研究人员了解到，在大脑中，神经胶质细胞为成体干细胞。

　　人们曾经认为，我们大脑的发育始于子宫，并且贯穿整个幼儿期，之后就在此状态下保持不变，直到我们死亡。如今人们了解到，我们整个成年期都在不断再生细胞。大脑中的干细胞就是神经胶质细胞，其能够自我复制，并且在需要时再生出神经元。

　　神经胶质细胞也能够就地再生，以便存储更多的信息。过去 30 年当中，最有趣的研究之一莫过于对阿尔伯特·爱因斯坦大脑的分析。当对不同类型细胞的标记物进行分析时，研究人员发现，爱因斯坦大脑的左侧角回（angular gyrus），即一个被认为是负责处理数学和语言表达的区域中所包含的神经胶质细胞，要显著地多于一般大脑。

　　如果神经胶质细胞是大脑中的信息存储库，并且假设人类具有最高的智力水平，那么较低等生物所拥有的神经胶质细胞应该少于人类。最惊人的研究之一当属对水蛭的研究，其体内每 30 个神经元才对应一个神经胶质细胞。这一个神经胶质细胞接收神经元感觉输入，并控制着神经元向身体放电。沿着进化阶梯向上看，在经常被研究的蠕虫秀丽隐杆线虫中，神经胶质细胞占了神经系统的 16%。果蝇的大脑中有大约 20% 的神经胶质细胞。在啮齿类动物——如大鼠和小鼠中，神经胶质细胞占了神经系统的 60%。黑猩猩的神经系统中有 80% 的神经胶质细胞，人类则有 90%。随着我们所定义的智力的增长，神经胶质细胞与神经元的比率也随之增加。

　　不仅神经胶质细胞与神经元的比率随着进化而增长，神经胶质细胞的数量也随之增加。人类大脑中的星形神经胶质细胞（astrocyte）比老鼠大脑中同类细胞的数量要多 27 倍。

在更高层次的物种（如猫、海豚）和其他灵长类动物的大脑中，你才会发现人类那种褶皱的大脑皮层。人类大脑皮层中的神经胶质细胞比黑猩猩要多35%。

我们大脑中过多的神经胶质细胞或许能够解释这样一个事实，即人类相对于其他动物而言，更容易患像阿尔茨海默病和帕金森病此类扰乱思维的脑部退行性疾病。实际上，对于所有的脑部退行性疾病而言，在症状出现之前，首要迹象为嗅觉丧失。人们都知道，由于嗅觉的特性，嗅球（olfactory bulb）在大脑细胞中具有最高的更新率。嗅觉是不断变化的，因此我们的嗅球也被迫随之不断调整。神经胶质细胞则是其更新所必需的干细胞。

如今，在大多数实验室里，对脑部退行性疾病进行的研究更专注于疾病的副产品——神经元里的蛋白质，这就像把一条公路崩塌的原因推到路上的一个坑槽身上。

当神经胶质细胞的增殖（proliferation）机制过于活跃时，神经胶质细胞就会癌变。几乎所有的脑肿瘤都是神经胶质瘤，它就是由神经胶质细胞组成的。有没有可能神经胶质细胞再生是大脑的一个正常过程，只是其需要依据所掌握和整合的信息量，而保持在一个恒定的水平上？有没有可能当其不足时，就会导致退行性疾病，而当其过量时，则会促发脑肿瘤？

人们还一直认为，随着我们年龄的增长，神经元会减少。随着研究的进一步深入，发现神经元的数量保持不变，而神经胶质细胞却在增加和遭到破坏。近期的研究显示，神经胶质细胞会通过涉及钙离子流入的大量的网络，以电波的形式与它们自己进行通信。这些流入的钙会通过神经胶质细胞网状系统就地散播开来。有人还指出，神经胶质细胞表达接收神经元基本输入所必需的受体，同时其自身还会对神经元发送信号。

神经元沿着长长的轴突（axon）向下通信。神经元要么放电要么不放电。这被称为"全或无"现象。神经胶质细胞要复杂得多。它们的波状通信可能更有助于大脑对流体信息的处理。

如果神经胶质细胞负责处理和存储信息，那神经元负责什么呢？既然研究人员们知道神经胶质细胞会发信号给神经元，那么似乎神经元只是一些静态细胞，听候神经胶质细胞的召唤而去激发其他的神经胶质细胞区域，只有点燃这些区域才能够产生相应的想法。

举个例子，如果你像本书作者一样，想到了比萨，然后你又想到了马苏里拉（奶酪），继而想到了意大利，那么你正在点燃你脑中的三个神经胶质细胞中心。要想从一个中心到达另一个中心，如果它们之间的距离很远时，你必须通过神经元来进行连接。如果马苏里拉那个神经胶质细胞中心接收到了来自比萨那个神经胶质细胞中心强烈的神经放电，那么它就被点燃并想起那个神经胶质细胞中心里与马苏里拉有关的一切。

一个世纪以来，科学家们几乎从未对神经元主导地位的观点产生过质疑。即便是今天，如果说全世界 99% 的研究大脑的实验室仍然专注于对神经元的研究，也并非夸大其词。

这就好比外星人在加利福尼亚州南部登陆地球后，得出这样一个结论，即相对于圣迭戈和洛杉矶这两个城市本身而言，对连接它们的高速路进行探索是更加重要的事情。

第 2 章　尘埃落定

直到最近，人们都还认为我们的想象力和想法完全住在神经元里。大脑中最丰富的细胞——神经胶质细胞，却被认为是不活跃的，仅仅是我们秘密和梦想的电子神经元放电过程中的一个缓冲物。这种神经元至上的观点是 19 世纪末 20 世纪初，继显微镜得到广泛应用之后，在某个地方被人为创造出来的。那时，神经元被认为是整个人类历史中脑研究的最高成就。那时最杰出的脑科学家继承了其兄弟的观点，认为神经胶质细胞是不重要的，至于有关神经胶质细胞做些什么，或者它们如何发挥作用，如何被损伤的问题，几乎不受任何重视，人们最多也就是稍微在这个问题上犹豫一下。追溯久远年代脑科学的研究，可以为我们揭示这是为什么。

最早的关于我们想法、想象力、创造力和梦想在哪里的观点，被记录在古希腊和古埃及时期。古代人认为想法来源于心脏。你所经历的紧张和你感受到的愤怒，会使你腹部的内脏有反应。观察人死亡之后经过解剖的人体时，心脏的突出地位，以及其与体内那些重要体液、血液之间的联系，使古代人得出结论：我们的创造力、思维能力、语言能力和情感都来自于心脏。

但是希波克拉底（Hippocrates，公元前 460—前 379 年）挑战了这一观点。希波克拉底认为，某些头部外伤之所以会导致语言和情感丧失，是因为大脑才是智力的所在地。环钻术——古代人类在头部钻一个洞来释放压力的技术，也为这一理论提供了证据支持。

希波克拉底写道："人们应该知道，喜悦、高兴、大笑和娱乐，以及伤心、悲痛、失望和悲叹等，并非来自其他任何地方，而是来自于大脑。并且经由此，以某种特别的方式，让我们获得智慧和知识，看到、听到并了解到什么是不正当的什么是正当的、什么是坏的什么是好的，什么是香甜的什么是难吃的……因此，我认为大脑行使着人最大的权力。"

他还得出结论认为，当大脑热、冷、潮湿或干燥时，我们都会感到难受。他认为，当大脑潮湿时，人会感觉狂躁，只有当大脑"平静"时，人才能正常思考。最后面的这些观点未必完全正确，但是它们却给亚里士多德（Aristotle，公元前 384—前 322 年）带来了灵感。亚里士多德尝试将希波克拉底的研究与心脏阵营中的研究融合在一起。他仍然认为心脏是更高层次的思维的发源地，但是当心脏因情感因素导致其过热时，大脑可以为心脏降温。理性的人是那些有较好大脑降温能力的人。

在罗马时期，角斗士的医生伽林（Galen，130—200 年）是当时最杰出的医生，直到如今他仍然是最杰出的医生。他支持希波克拉底的观点。他花时间仔细地解剖动物（如绵羊），观察那些遭受外伤的角斗士。他的研究结论明确地指出智力的所在地是大脑。

在我们大脑的中心位置处有一个叫做脑室（ventricle）的腔，并且脊髓（spinal cord）里含有脑脊髓液（cerebrospinal fluid）。当时，观察到了身体中四种关键液体的存在：血液、黏液、黑胆汁和黄胆汁。伽林认为，脑室里含有黄胆汁。为了控制思想和行动，大脑以某种方式向延伸至全身各处的神经倾倒黄胆汁。他的观点持续了 1500 年，直到笛卡尔（Descartes，1596—1650 年）时期。

笛卡尔并没有去创建不同的新观点，而是基于其所领会的无可争辩的宗教真理，探寻到一个关于人类解剖学的观点。他认为大脑是作为魂之灵（spirits of soul）的中心而起作用。灵（spirits）是一些液体，和伽林一样，笛卡尔认为这些液体控制着我们的想法，然后流经身体并引发行动。

但是笛卡尔认为伽林把人类解释为像绵羊一样简单，这与人类是按照上帝的形象创造的这一观点不相符。他认为，思想作为以太中的一束，是独立于肉体而存在的，能够对身体产生作用。脑下垂体（the pituitary gland）是一个泵，思想通过这个泵来控制灵。正如现代技术发明已经影响了我们如何理解大脑的工作方式，那时法国液压装置的发明，则使得笛卡尔的观点得到了巩固。思想导致脑下垂体产生抽吸，使得液体到达肌肉，并导致肌肉收缩，很像液压机抽水一样。

17世纪，随着显微镜的出现，当科学家们第一次看到（灵在其中流动的）神经时，被其深深折服了。如果他们能够看到魂来自于哪里的话，他们就能够和神更亲近。17世纪末18世纪初，当荷兰科学家安东·列文虎克（Anton von Leeuwenhoek，1632—1723年）用显微镜第一次对神经系统进行研究的时候，其部分组织被夹在两片载玻片中间，就像压扁的泥一样。研究外周神经时，他看到的是像圆柱通道一样的东西。证实了笛卡尔提到的用来传递灵的通道的存在。

这种理念持续了一个半世纪，直到19世纪初显微镜发展得更可靠时为止，那时"细胞"这个术语被用来描述其他组织和较低等生物（如单细胞变形虫）的功能单位。显然，大脑也同样是由细胞构成的。然后，赫尔曼·冯·赫尔姆霍茨（Hermann von Helmholtz，1821—1894年）发现，当将大脑放进葡萄酒的酒精里时，它不再腐烂，而是会组织脱水，只剩下供研究用的细胞。无论是什么想法促使赫尔姆霍茨将某个人腐烂的大脑投进他的葡萄酒里，这恰恰证明了人类的原创思想和创造力是无限的。

当宗教让位于科学而居于次要地位时，笛卡尔有关灵的观点受到了挑战。大脑刚刚从死人身上取出，还未进行酒精固定（19 世纪末 20 世纪初时是用甲醛）之前，它看起来就像一团潮湿的灰白色黏性物质，用长长的白色纤维连接着。这些纤维被认为是最重要的——是笛卡尔所谓的灵的通道和思维程序的居所。

纤维之外的那些东西就是神经胶质细胞。神经胶质细胞一词来源于古希腊语，意思是外表看起来黏糊糊潮乎乎的东西。在现代希腊语中，如果没说错的话，对于那些相信神经元至上的人来说，神经胶质细胞这个词根仍然还是一个单独的词，意思是肮脏龌龊和道德败坏的人。当然，对于神经胶质细胞的支持者们而言，这可能是傲慢的表现。在希罗多德的作品中，这个词的意思是"树胶"，而在阿里斯托芬的戏剧中，它是"潮黏"和"无赖"的意思。鲁道夫·菲尔绍（Rudolf Virchow，1821—1902 年）从希腊语中借鉴来这个词并应用在大脑上。1858 年，在观察神经胶质细胞的时候，他认为它们是"神经灰泥"（nerve putty）。这些遍布大脑无处不在的细胞，看起来并不像是那些延伸至身体的纤维、重要的黄胆汁容器，以及灵的发源地。如今，人们相信，那些白色的纤维显然是用来导电的，但它们又是来自哪里呢？

最后，随着 1859 年达尔文进化论的提出，细胞是所有生物的功能单位且所有生物都是由其进化而来，成为了普遍的科学信仰。

　　科学家们那时马上就要发现大脑中负责想法的细胞单元了——与达尔文发明其理论时使用的细胞一样。因为人们认为这些纤维是用来推送想法的连接件，所以研究人员们想要确切地知道它们到底是什么。菲尔绍的一名学生，奥托·戴特斯（Otto Deiters，1834—1863年）和阿尔布雷科特·冯·克里克尔（Albreicht von Kolliker，1817—1905年）开始首次精确地画出了神经细胞，其尾部有尾巴。这种精子状的结构看起来很有趣，但是并不能够确定这些尾巴就是纤维。罗伯特·雷马克（Robert Remak，1815—1865年）通过仔细观察公牛的神经系统后发现，脊髓中的细胞体是和这些纤维连在一起的，这才开始使科学家们确信这些纤维是细胞的一部分，而且那个伸出来的尾巴状的结构就是纤维。

　　大脑中有尾巴（突起）的细胞，像纤维一样延伸至身体这一观点，意味着这些细胞应当在大脑里储存着所有信息。随后它们被命名为神经元。而且所有人都过早地迫不及待地下了结论。

　　有两个人站在了神经元拥护者的前沿位置上。据说其中一个为自大的自吹自擂者。他的头发梳理得非常整齐。他的胡须堪比西奥多·罗斯福（Theodore Roosevelt）。他是一个时髦的意大利人，喜欢女人、香烟、酒精和他自己。在科学时代，他发明了最重要的细胞色素染色法中的一种。他的名字叫卡米洛·高尔基（Camillo Golgi，1843—1926年），工作于意大利北部的一个小城，发明了银染色法。他将硝酸银用在经过防腐处理的组织上，这借鉴了早期摄影中给胶片染色的方法，从而能够使大脑中那些单个细胞显现出来，更重要的是，他能够观察到从细胞体中延伸出来的像尾巴一样的突起，这正是大脑细胞的独特之处。他成为了帕维亚大学组织学和病理学教授，如今他使用的染色法被称为高尔基染色法。

另一个人是工作于马德里大学长相痛苦吓人的西班牙组织学家圣地亚哥·拉蒙－卡哈尔（Santiago Ramón y Cajal，1852—1934年）。人们用安静和勤奋来描述卡哈尔。他就像一只在丛林中捕鱼的脾气暴躁的熊。他写了大量清晰简洁的工作日志，记录他运用高尔基染色法和他自己改进的铬化金在显微镜下所看到的东西。坚定不移、一丝不苟和过度自信——科学研究中的这三个特质，使卡哈尔赢得了同事们对他无限的钦佩。在那个年代，对于一个研究人员而言，最重要的一个才能是艺术能力。要想展示出其在显微镜下面看到了什么，研究人员必须把它画出来。高尔基有着无与伦比的艺术能力，但是卡哈尔非常不喜欢高尔基所表现出来的那种过于随便的画风。虽然卡哈尔无法像高尔基一样画得那么出色，但是他认为自己更精确。他的工作簿布满了他关于脑科学方面的图示，并记录下了他对于大脑中正在发生事情的理解。

直到高尔基发明了其著名的染色技术，研究人员们才能够确切地看清楚遍布大脑的像尾巴一样的突起（如今称为轴突），看到从细胞体延伸出来的那些纤维，并证实了雷马克的研究结果。以伽林先前的观点为基础，经过笛卡尔再到现在，这种细胞体被认为是大脑中信息和想法最重要的储存地。轴突从大脑的一边穿越到另一边，并到达肌肉，进行信息存储的远距离通信。

通过高尔基染色法，人们看到了神经胶质细胞，它们看起来像遍布大脑的网状支架，围绕着大量的神经元细胞体及轴突。

高尔基认为大脑工作起来就像一个合胞体（syncytium），或者一个网络。他认为所有的细胞都是彼此连接的，看不出来它们是相互分开的。它们以网络组织的方式在发挥作用；换句话说，他认为大脑中负责想法的那些细胞，是流动的且以非递增的方式在共同发挥着作用。他认为神经胶质细胞的主要作用就是为神经元提供食物。这是因为神经胶质细胞的突起看起来似乎是与血管和神经元相连的。

卡哈尔和高尔基彼此都非常不喜欢对方。高尔基将卡哈尔那种一丝不苟的作风嘲笑为错误的做法。可能是有一点点嫉妒或仅仅是盲目的愤怒，卡哈尔完全贬低了高尔基所提出的任何观点。卡哈尔认为任何浮躁的科学家都能够通过染色法看得到，大脑也是由增殖细胞（incremental cell）构成的，就像身体中的其他部分一样。这些增殖细胞被分成了两大类：神经元和神经胶质细胞。神经元是最重要的，因为这些细胞延伸至更远的距离。细胞体在中间，伸出去获取信息的突起看起来就像树木的枝条。虽然有一点很清楚，即信息是沿着一条长长的称为轴突的树干向下传导，但卡哈尔还是不确定该如何来看待神经胶质细胞。

菲尔绍一个杰出的学生卡尔·路德维希·施莱克（Carl Ludwig Schleich，1859—1922 年）不同意其导师的观点，成为第一个提出神经胶质细胞和神经元能够彼此发送信号的人。这一革命性的观点完全废除了从伽林时代传承而来的"纤维－中心"观点，是脑研究革新的一个重要飞跃。他认为彼此之间相互发送信号的神经元之间的间隙，使得神经胶质细胞有可能为它们之间的联系起到调节作用。他假定神经胶质细胞很可能在提供帮助，以控制神经元信号传递。

当然，这些观点在 1894 年发表的一篇介绍局部麻醉（施莱克的主要贡献）的论文结尾处被提了出来。在施莱克发表这篇文章的同一年，西格蒙德·艾克斯纳（Sigmund Exner，1846—1926 年）发表了大脑中能进行细胞沟通的"只有神经元"的观点。

早在三年前，威廉·戈特弗里德·冯·洪保德（Wilhelm Gottfried von Waldeyer，1836—1921 年）就创造出了神经元这一术语，用来描述那些有着长长突起的特殊细胞。艾克斯纳第一个通过观察这些细胞，明确提出了对于信息存储来说，它们是大脑中最重要的细胞。通过粗略绘出其网络图和关于智力来源的简化观点，艾克斯纳阐明了神经元的传递方式。卡哈尔在借鉴这一理论的基础上，对其进行了详细阐释和改进。每一个细胞都是独立存在的，并且彼此之间并非像高尔基所认为的那样彼此连接。

由于人们对艾克斯纳和卡哈尔的过分盲目崇拜，使得施莱克关于"神经胶质细胞传递信号"的观点被埋没了。为了显示出神经元的重要性，人们将其命名为神经元学说。并且和其他任何一种学说类似，它也是建立在信仰基础上。

神经元学说的神职人员开始试图在确保神经元稳居其宝座的基础上，对大量神经胶质细胞的存在做出合理的解释。1858年，卡尔·韦格特（Carl Weigert，1845—1904年）在菲尔绍原创观点的基础上，提出了一个流行的理论，认为神经胶质细胞只不过是一种结构要素或黏合物。既然人们已经知道，从大脑中延伸至脊髓，再从脊髓延伸至肌肉的那些长长的、结实的卷须状物就是神经元的突起，那么有没有可能神经胶质细胞恰好就是用来填充那些没有被神经元所占用的空间的结构要素——即人们最初认为的那种神经灰泥。卡哈尔不接受这种观点。但是之后，他的兄弟佩德罗采纳了这种观点，并提出神经胶质细胞只不过是一种绝缘体，用来防止神经元脉冲的不良传播。卡哈尔同意了他的观点，神经胶质细胞被推到了次要的位置上。如今，人们还在被灌输这种观点。

1906年，诺贝尔奖委员会决定共同授予高尔基和卡哈尔诺贝尔医学奖，这简直就是开了一个无情的玩笑。一决雌雄的时刻到了。委员会决定让高尔基比卡哈尔提前一天发表演讲，因为如果没有高尔基染色法，也将不会有卡哈尔的研究成果。二人的演讲因此变得很紧张。高尔基的演讲题目为《神经元学说：理论和事实》(*The Neuron Doctrine: Theory and Facts*)。介绍完其理论之后，他继续说："在我对我杰出的西班牙同行的卓越成果——该（神经元）学说表示钦佩的同时，从某些解剖学的方面来说，我不同意他的观点，虽然对于该理论来说，这些方面至关重要……"高尔基坚定地认为，神经器官像一个网状组织一样发挥其功能，其细胞之间有形地彼此连接并包含着神经胶质细胞，神经胶质细胞像一个神经元助推器，使神经元经由它的通道进入到血液中。

由于知道高尔基早已失去了科学家们的支持，且了解到高尔基那时为意大利参议员，不太能跟得上现代科学的发展步伐，卡哈尔在其第二天的演讲中只需专注于他自己的理论就可以了。卡哈尔通过引用瓦尔代尔、艾克斯纳、戴特斯和克里克尔的观点为其理论辩护，他远不像高尔基那样胡乱抨击，他在陈述事实时，好像那些事情就发生在他眼前一样。神经元全都是彼此独立的细胞，不存在任何有形的彼此连接。他压根就没提到神经胶质细胞。后来，他写道，他对高尔基那种"骄傲和自我崇拜的表现"非常不满。他说高尔基的自负"对于发生在知识环境下的不断发展变化，是严密隔离……密不可透的"。

虽然高尔基也认为神经胶质细胞是次要的，但是相对于卡哈尔而言，他察觉到了神经胶质细胞的一个更为活跃的功能。然而，一切尘埃落定之后，神经元获胜了，神经胶质细胞被彻底忽略以至被永远遗忘了，而这只是圣地亚哥·拉蒙－卡哈尔的兄弟佩德罗大脑活动结果的一个副产品而已。就其自身资历而言，佩德罗是一个称职的科学家；对于卡哈尔而言，他将其通过严谨的科学研究点亮的一个细胞弃之不理，让人感到很奇怪，就更别提大脑中那些含量最丰富的细胞了。神经元学说看似很完美，这正是卡哈尔喜欢的，神经元学说又是与高尔基唱反调的，这也是卡哈尔喜欢的。

现代神经科学研究诞生了，而圣地亚哥·拉蒙－卡哈尔成为了该领域的鼻祖。卡哈尔确定其能够让每个人都知道什么是对的什么是错的。卡哈尔在诺贝尔颁奖典礼上对高尔基的讽刺，并没有对批评者们产生什么鼓励作用。此后六十多年的时间里，人们再没有对神经胶质细胞进行过研究。

第 3 章　我为生物电而歌

　　如果古罗马人患了头痛，他们可能会明智地避开医生。如果你穿越时空回到古罗马，而且此次旅行导致你头痛，你可能只想默默忍受。如果你去看医生，他会从他的盐水罐中动作优雅地舀上来一条发电鱼（不是用手抓），然后用它碰触你的前额，用电击去除你的头痛。虽然不能完全理解电为何物，但是从第一个进化人类看到闪电风暴开始，人类这个种群就知道了电的存在。撞击岩石会产生火花，有了冶金术之后，剑的金属碰撞也会产生火花。当然，早在古希腊时代，人们就考虑使用电鳐和发电鱼了。至于为什么古罗马人认为用鱼电击头部会治愈头痛而不是使头痛恶化，就不在这本书的（讨论）范围了。

　　在细胞染色法出现之后，神经胶质细胞被发现，继而又立即被忽视了；这就是 18 和 19 世纪时对电的特性进行描述的直接结果。卡哈尔的神经元学说以及随后被认可的佩德罗神经胶质细胞理论，都是建立在神经元中电信号至关重要这一观点基础之上的。现在人们已经知道所有细胞都有电位和电位梯度。

在 18 世纪，电学在科学界风靡一时，如同量子物理学在当今科学界的地位。科学界的每个人都对于电的起源和应用有一套说法和见解。电被认为是一种神秘现象，可以是上帝的愤怒，天使的金色卷须，或者宇宙毁灭时晃动的火花。现在我们确信，电在本质上是原子世界中生命的一种正常的副产品，而且能够控制利用电可能是迄今为止人类历史上最重大的进步。

在生物学领域，尝试描述生物体如何能够导电的首次实验是以电鳗和电鳐为研究对象的。1773 年，约翰·亨特（John Hunter，1728—1793 年）对电鳐的解剖进行了描述，大约在同一时期，约翰·沃尔什（John Walsh，1726—1795 年）描述了电鳐的电学特性。

沃尔什使鱼类的电活动与莱顿瓶等同起来。莱顿瓶是一种被用来凝聚电位的装备，是在 18 世纪 40 年代末期由彼得·范·马森布罗克（Pieter Van Musschenbroek，1692—1761 年）发明的，并且以其发明地所在的荷兰城市命名，它可用导线将摩擦电传导到一瓶液体中。这瓶液体可以产生电位并且通过一根伸出瓶外的导线产生电击。沃尔什相信鱼能够释放出带电的液体，并且在它体内聚集这种液体，然后使其他鱼类受到电击后被它吞食。亨特认为这种鱼能够"用意志力控制"电能。

　　知道了莱顿瓶能够对人施以电击，科学家们自然地把这一点应用到了尸体上。在一个晴朗的星期六下午电击一个死人，没有什么事情可与之相比了。利用莱顿瓶，科学家在尸体上观察到了肌肉收缩。死尸被电击时的抽搐引发了人们对人体电学传导本质的诸多猜想。他们虽然知道我们的身体中含有液体，但是仍然需要更全面地审视一下这个观点，因为我们身体起作用的方式或许会像莱顿瓶底部的液体一样，只是使电在僵硬的肌肉中被动地传导。

　　莱顿瓶也被用于娱乐。在路易十四的凡尔赛宫里，180 名法国士兵手拉手站成长长的一排，手里拿着金属盘。当第一位士兵碰触莱顿瓶的输出端时，它就会沿着整个队伍向下传导至另一端。一个可怜的家伙徒手摸了队伍中最后那个人一下，结果被电到了。巴黎修道院的 700 个修道士重新做了一遍这个试验，以便证明电具有通过我们身体传导的能力。

　　然而，人们仍然认为生命形态中的内在电（inherent electricity）是一种异常情况，只会出现在发电鱼身上。人们并没有像《星球大战》（Star Wars）里的帕尔帕廷皇帝一样，四处走动彼此电击。但是当手或手指碰触猫时，会使得猫毛竖起来，这引发了人们对于人体可能带电的思考。一般地，证据表明这样一个事实，即我们的身体是湿的，因而无法生电，只能被动地导电。

　　对于电现象的更多令人兴奋之处，则源于本杰明·富兰克林（Benjamin Franklin，1706—1790 年）在 1751 年的研究。他浑圆肥胖的体形和威严的举止，挂在鼻尖上的眼镜，使人误以为他在用眼睛瞟你，而实际上他正定睛在他的重要工作上。然而，在他那双干瘪的眼睛后面，富兰克林能够同时表达出喜爱和严苛这矛盾的两面。对他匆匆一瞥，就能发现他是人类批判思想的完美代表。他是一个古怪的人，当你把一百美元钞票放在赌桌上时，他仍然在专注地冥思苦想。没有电，很可能就没有美国，灯光使富兰克林确信有一场革命即将到来。

富兰克林证实了相同的和相反的电活动，并发明了"正"电和"负"电这两个专业名词。富兰克林认为，莱顿瓶内部是正电，而其外部则是负电。对于富兰克林来说，从他的小汽车里"跳下来"，没有任何难度。他运用他的观点发明了一种金属盘，用来导电，这个盘子就是著名的富兰克林放电盘（the Franklin square）。

继富兰克林的研究以及发现当死尸受到电刺激会抽搐之后，科学家们拥有了必要的工具，来对电这项动物活动的生理机能进行研究。电看起来像是一个候选人，能够对伽林的体液（黄胆汁）和笛卡尔的灵做出最终的解释和充分证明。实际上，牛顿也持有类似的观点。他声称，我们神经中的以太遍布我们生命中的每一个方面，人类能够对我们神经系统中的以太进行控制。电刚好也符合牛顿的想象。

直到 1780 年，富兰克林关于莱顿瓶的理论和描述才得到认可并在欧洲广泛传播。像 19 世纪后期的托马斯·爱迪生（Thomas Edison）一样，路易吉·伽伐尼（Luigi Galvani，1737—1798 年）借鉴了富兰克林的理论并对电流的意义进行了彻底改革。伽伐尼是一个隐居的科学家，在帕维亚大学工作，他用富兰克林的理论解剖青蛙以观察动物是否具有固有电流（intrinsic electricity），更确切地说是，固有电流是否是身体动作的指挥者。

伽伐尼解剖青蛙的脊髓，而保持腿部和腿部肌肉完整。从他的实验图可以看出，那几条腿就像是被展开疯狂大屠杀的操偶师从青蛙身上撕扯掉的。传说，一次他为生病的妻子准备青蛙腿晚餐，心不在焉地上下弯曲青蛙腿时，产生了这个实验灵感。但愿她那天晚上有别的东西可以吃。

简·施旺麦丹（Jan Swammerdam，1637—1680 年）是荷兰生物学家，他的名字很棒，他是第一个解剖青蛙的肌肉和神经的人。伽伐尼则是第一个电击青蛙的肌肉和神经的人。伽伐尼用的是莱顿瓶或富兰克林放电盘（伽伐尼称之为神奇的盘子），大腿收缩时，电流通过包裹脊髓的锡纸传导。伽伐尼还把青蛙腿挂在他家花园里一根铁轨的金属线上，以观察大气电对青蛙腿的影响。然而，由于意大利的暴风雨并不会招之即来，他等得不耐烦了，开始尝试用各种不同金属制作避雷针，并观察大腿的肌肉收缩。基于这些实验，他发现动物体内存在着固有电位（inherent potential）。

一件古怪的事情发生了，并发展成为了伽伐尼理论的一个分支。控权型物理学家亚历山德罗·伏特（Alessandro Volta，1745—1827 年）并不相信伽伐尼理解了自富兰克林发表了其原著后的 40 年内的所有电学中有关电流方面的研究。作为伽伐尼最初的支持者，如今伏特认为，青蛙腿收缩的原因与身体接触电流时产生电击的原因是一样的，也许这与固有动物电（inherent animal electricity）一点关系也没有。他认为是两块不同的金属产生了电流，身体只是起到了液体的作用，用以传导电流，就像之前阐述的尸体抽搐和拿着莱顿瓶的法国士兵一样。

为了阐述他的观点，伏特把两种不同的金属堆积在一起，产生了电位。他证实了铜和铁可以像莱顿瓶那样产生电位。在可以产生电能的金属中存在着电位梯度。如果将此应用于动物，便会如预期的那样产生抽搐。堆积的金属以"伏特电池"（the voltaic pile）而闻名，是现如今电池的前身。在伏特极轻率地无视伽伐尼的理论的时候，他不经意间发明了电池。令人伤心的是，事实上，有时发明和创造往往是某人试图诋毁其同胞的结果。这个以他的名字命名的发现被永远地和电位联系在了一起。

在伏特的实验中，他通过他的舌头，将电流通到自己身上，产生了味觉；通过用锡纸遮住他的眼睛并引入电流，产生了看见闪光的感觉。伏特将之解释为，他的身体只是导电的液体，而不是体内存在带电的液体。他将此告诉给每一个愿意听的人。一个人如此下功夫，以至于用锡纸遮住自己眼睛来做实验，因此听他讲话是个明智之举。

伽伐尼的原著于 1791 年出版之后，在他去世之前伏特挑战他的那整整七年当中，他在公众面前一直保持沉默。与伏特的首次交锋是在 1794 年，但其作品是匿名发表的。他做了一个实验，即剪断一只青蛙的神经，将其用于一只完整青蛙的神经，然后发现释放的电流使完整青蛙的腿剧烈收缩。这个实验最终证实了伽伐尼理论的正确性。由于这篇文章是匿名发表的，大多数研究人员都没有注意到这篇文章，而且人们都将注意力放到了伏特的夸夸其谈上。如今人们知道是伽伐尼发表了那个匿名作品。

这个有争议的理论流行了几十年。尽管伽伐尼避开了这场争论，但他的侄子乔瓦尼·阿尔迪尼（Giovanni Aldini，1762—1834 年）接续了他的工作。

阿尔迪尼是他叔叔的忠实支持者，并认为伏特的结论是错的。事实上，阿尔迪尼的传导实验竟然是用在拿破仑战争时期在断头台上刚刚砍下的头颅上。头颅一旦被砍下，阿尔迪尼就会把它带走以确保新鲜，并对其耳朵和嘴巴通电。已经被砍下的头颅收缩，做出不同的面部表情：微笑、扮鬼脸和害羞。

通过将伏特电池用于他的头部，并用任意力度电击他自己，阿尔迪尼也预先演练了电击疗法。他的报告称，这种疗法并不舒服并且会导致失眠一周。也许在头部粘一个发电鱼会更好些。对于那些治疗精神错乱的人来说，收缩是很有趣的，因为有证据表明，樟脑导致的痉挛可以治疗临床抑郁症。将极痛苦的经历从你的身体里电击出来，无疑会使你走出恐惧。

科学家并不是唯一对动物电感兴趣的人群。大众和政府研究人员对任何新实验都非常着迷。大众对这一主题的热情在 19 世纪早期《科学怪人》（*Frankenstein*）出版时达到了高峰。伏特和阿尔迪尼创作的令人恐惧和怪异的科学文献，导致人们对此过于兴奋，就像如今的克隆和干细胞一样。受其影响，玛丽·雪莱（Mary Shelley）在瑞士与她的丈夫——诗人珀西·比希·雪莱（Percy Bysshe Shelley），及其朋友——诗人乔治·戈登·拜伦（George Gordon Byron）在晚上讲鬼故事的时候，把死人给召唤回来了。

《科学怪人》出版之后，伏特仍然在其临时演讲台上抨击伽伐尼的成果，人们因为动物电或许并不真实存在而感到放心。然而，在意大利——伽伐尼的家乡，伴随着物理学家利奥波德·诺比利（Leopold Nocili，1784—1835 年）和他的学生卡洛·马泰乌奇（Carlo Matteucci，1811—1868 年）在 19 世纪 30 年代的另一个著名发现，动物电仍备受追捧。把青蛙的头部割下来之后，把它们的躯干放在一个瓶子里，腿放在另外一个瓶子里，瓶子里仅装有盐水，然后用浸在盐水里的棉线把它们连接起来。在没有伏特的铁和铜金属电弧的情况下，也发生了收缩。

当时许多关于大脑的细胞学说都产生于同一个实验室，这些实验是由毕业于同一时期的柏林大学的学生做的。这些学生包括：提出了几个著名实验建议的德国科学家约翰内斯·米勒（Johannes Müller，1801—1858 年）；确定神经纤维与细胞体之间存在着通信的罗伯特·雷马克（Robert Remak，1815—1865年）；发现了能量守恒定律的赫尔曼·冯·亥姆霍兹（Hermann von Helmholtz，1821—1894 年）；神经胶质细胞的发现者之一鲁道夫·菲尔绍；最后还有性格最为强势的埃米尔·杜布瓦－雷蒙（Emile du Bois-Reymond，1818—1896 年），他也是动作电位（action potential）之父。

埃米尔·杜布瓦－雷蒙带着马泰乌奇的一本著作，兴奋地找到米勒，表明了他有兴趣继续对动物电进行研究。米勒知道，马泰乌奇最近对自己的实验有些失望并完全否定动物电——以至于声称他同意伏特的观点，即神经中所充满的并非带电的液体或牛顿所说的以太，米勒也认同这一观点。但是他决定给他的学生一个课题，进一步研究诺比利更早时在实验室中发现的现象。杜布瓦－雷蒙参与了这项工作，并首次发明出了更加灵敏的电流计，以便检验电位是否真的存在。

如果说伏特对伽伐尼的谴责很具说服力的话，杜布瓦－雷蒙对伽伐尼成果的吹捧则具有同样的影响力。他重做了马泰乌奇的很多实验。不过，在刺激之后，他测量了电流沿着神经传导至肌肉的电导率。然后他就可以在引起青蛙神经收缩之后，确定电传导速度，速度大约为每秒 30～40 米。这与现如今报道的数据接近。但问题是，这比电流通过导线的速率要慢得多。

许多其他笛卡尔的活力论者认为水压泵推送的液体帮助吸收必需元素使机体有了功能，并认同伏特的观点，马泰乌奇的发现可以当作电流不存在的证据。但是杜布瓦－雷蒙认为他们的观点是迟钝的。他认为活力论是有害的，甚至说："所谓的活力论，就是认为目前推测的所有观点适用于所有的生物体，这是荒谬的。"他并没有在内心抨击和谴责马泰乌奇，他正是以此人的研究作为自己的起点，并因此在神经系统历史上做了一个旁注。

直到化学家认识到电解液的传导速度较慢时，关于电流传导慢的问题才得以解决。如今，人们认为，神经中的电位是由于钾离子和钠离子之间存在差异造成的。基于离子电荷差，细胞外的钠离子和细胞内的钾离子就创造出了电位。

当杜布瓦－雷蒙坚持其认为的在纤维中存在电传导率（electrical conductance）的同时，雷马克的研究证实了神经元是纤维产生的地方。最终，为了帮助带电的神经元打开出路，使人们看到其在人类想法上所具有的重要性，并继续认为大脑皮层是想法产生的地方，古斯塔夫·弗里奇（Gustav Fritsch，1837—1927 年）和爱德华·希齐希（Eduard Hitzig，1838—1907 年）在 1870 年首次证实了大脑皮层的功能。用电流刺激狗的大脑皮层证实了灰质控制着运动。移除狗的颅骨，并通过不会破坏大脑皮层的平端面电极通上电流。他们注意到，刺激一侧的大脑皮层，会导致在身体另一侧产生运动。他们也证实了大脑皮层的不同区域负责着不同类型的运动。如果刺激某一区域，狗会伸展腿部；刺激另一区域，狗则会收缩腿部。

他们的成果发表之后，立刻就有人提出了反对意见。当时所有著名的生理学家都认为这个实验是假的、伪造的，因为这与当时盛行的运动由大脑深部中心控制的观点相违背。然而，正如伽伐尼的实验很容易被其他实验者复制一样，弗里奇和希齐希的实验也很容易被复制。很快地，大脑皮层控制着运动这一点，在猴子身上也得到了证实。

5年后，理查德·卡顿（Richard Caton，1842—1926年）又前进了一步，他在刺激眼睛和旋转猴子和兔子的头部后，观察大脑皮层的不同区域，发现了脑电活动的变化。感觉神经传导电脉冲的方式，与运动神经导致肌肉收缩的方式一样。

然后，卡哈尔将每个人的观点结合起来，并明确地提出了自己的神经元学说。我们所有的经历、想象、创造力和记忆，都住在这些美丽的细胞里面，它们树枝状的树突就像蓬乱的头发一样向上舒展着，三角形的细胞体就像娃娃脸一样整齐划一，优雅的具有传输作用的轴突，就像是情人的躯体一样，每一个都带着电向外伸展着。

有个棘手的小问题，就是神经胶质细胞。卡哈尔接受了佩德罗的观点，认为神经胶质细胞在神经元通信中起着缓和放电（electrical firing）的作用，而人们发现几乎所有的细胞都具有电位和电位梯度则是在此之后。

伽伐尼的作品发表 100 年之后，电气革命才结束。这为想法来源方面的研究奠定了基础。正如沃尔特·惠特曼（Walt Whitman）所问的那样："如果身体不是灵魂，那么灵魂又是什么？"

但是弗里奇和希齐希的研究所证实的仅仅是一个简单的运动，此后所有关于神经元电刺激的研究，都聚焦在了对基本欲望（base desires）的反应和刺激上。切除术和检查受伤后的结果，使研究人员们找到了负责语言（左颞叶皮层）、听力（颞叶）和视觉（枕叶）的大脑皮层区域。那么在大脑皮层中———一个神经胶质细胞占主导地位的区域中，那些细胞又是怎样的呢？

直到 20 世纪，电学和细胞学领域所发表的研究都假设，神经细胞体负责着各个方面。研究显示，它的轴突从脑部延伸到了身体内。而且既然知道它是带电的，人们认为我们大脑中的所有思维都来自伽伐尼所论证的外周神经中的这种电脉冲。

20 世纪，将神经元置入有敏感电极的真空管中，敏感电极的头部非常尖，以至于它们能够刺入一小束神经元，科学家们能以此精确地判断出轴突中的电导率。英国的查尔斯·斯科特·谢林顿（Charles Scott Sherrington）找到了一种科学地研究反射（reflex）的方法。在高尔基和卡哈尔获得诺贝尔奖的同一年，他创造性地提出突触为神经元之间的间质空间（interstitial space），他自己也在 1932 年获得诺贝尔奖。谢林顿和卡哈尔所提出的分开的细胞结构的观点不断被强化，以至于高尔基提出的合胞体的概念被完全忽略了。

在轴突的末端，突触是其间的一个缺口，负责与下一个神经元进行通信。人们所发现的第一种穿越突触传递的分子，是作用于肌肉的乙酰胆碱（一种能激活肌肉的化合物，是自主神经系统中一种主要的神经递质）。接着，人们发现尼古丁具有与乙酰胆碱类似的功能。观察药物作用的科学家发现了许多其他现今已知的递质。可卡因导致了多巴胺的发现，吗啡／海洛因导致了 5- 羟色胺（血清素）的发现，大麻导致了大麻类物质的发现，以及氧化亚氮导致了氧化亚氮类物质的发现。这些分子都是细胞间重要的递质。

对轴突最终精确"深入"的报道，终结于巨型鱿鱼轴突。1939 年，英国科学家艾伦·霍奇金（Alan Hodgkin，1914—1998 年）和安德鲁·赫胥黎（Andrew Huxley，1917—2012年）以及他同父异母的哥哥著名作家阿道司·赫胥黎（Aldous Huxley），将电极插入一个轴突中，得出静息电位为 −60 或 −70毫伏。1908 年，瓦尔特·能斯特（Walther Nernst，1864—1941年）发表了一个方程式，根据电解液分布来预测电位。根据这个方程，在测量细胞外和细胞内间隙时，神经的电位为 −85到 −90 毫伏。20 世纪 60 年代，澳大利亚科学家约翰·埃克尔斯（John Eccles，1903—1997 年）最终将其报道了出来。所有这些科学家都应获得诺贝尔奖。

神经元如何传递

当神经元受到刺激时，钠离子通过专有通道进入到细胞内，只有当一个逆流而上的活跃细胞做好了放电的准备时，这个通道才会打开。神经元的静息电位为 −70 毫伏。当足够的钠渗入细胞时，电位突破了一个电压阈值，水闸便打开，其暴增至 +50 毫伏，因为钠冲进来并导致了钾的流失。然后，其所致的低于静息电位的负脉冲信号便产生了。在此"不应期"，神经元无法放电，直到它再次回复到正常的 −70 毫伏的静息电位为止。

但是所有这些基础工作，都是在长长的延伸至身体的外围轴突中以最简单的条件发射的方式完成的，而不是在大脑中的细胞层面。关于神经元，这些研究已经揭示了很多，但是却只能够推断出我们如何在细胞层面进行思考。

人们普遍认为，神经元不断地彼此传递，而我们的感觉会在强化某些连接的同时，削减一些其他连接的影响。它们要么放电要么不放电。有些人认为，这种"全或无"的放电方式，通过二进制编码在控制着思维。持续的放电导致我们产生思维。然而，有这样一种细胞，它会为想象力提供最佳的位置，并为神经活动找到最擅长的煽动者，这个细胞控制着轴突电导的反射活动。这种细胞不会长距离地放电产生电火花，但它能够激活像高尔基合胞体那样的物质，并且能够通过固着的突起——就像数十亿只将手臂彼此黏合在了一起的章鱼一样，来存储信息。它是一种自主性的细胞，能够创造、想象和影响其活跃神经元通道的活动。

这种细胞很有可能存在于大脑皮层中。尽管皮埃尔·弗卢龙（Pierre Flourens，1794—1867 年）和其他人很难精确地确定与思维相对应的大脑皮层区域，但众所周知，苏格兰科学家大卫·费里尔（David Ferrier，1843—1924 年）的研究表明，切除猴子的大脑额叶之后，它们将变得更温顺。费里尔宣称，猴子除了变得安静之外，没有其他明显的术后缺陷。通过额叶切除术治疗暴力病人的结论，就直接来源于他对驯服猴子的描述。

20 世纪 30 年代到 50 年代期间，美国外科医生沃尔特·费里曼（Walter Freeman，1895—1972 年）在美国各地实施了额叶切除术。人们将他旅行时乘坐的厢式车称为额叶切除车（lobotomobile）。那些难以治疗的精神病人，被施以了这项手术。费里曼在耶鲁大学和宾夕法尼亚大学都接受过教育，并不是外行。他坚信外科手术对于很多名人患者都有益，罗斯玛丽·肯尼迪（Rosemary Kennedy）就是其中的一位。这些不幸手术的结果使人们认识到，许多高层次的思维都存在于大脑皮层中。随着精神疾病药物治疗的出现，他的额叶切除术总算被淘汰了。

但是，大脑皮层的不同区域可能负责着思维的不同功能，却是由 20 世纪 50 年代出生于美国的加拿大外科医生怀尔德·彭菲尔德（Wilder Penfield）研究得出的。彭菲尔德是谢林顿的学生，他成为了电生理学方面的大师。

20世纪40年代，人们发现，通过切除从右脑半球穿越至左脑半球的轴突，能够缓解癫痫发作。在实施外科手术时，仅仅对患者的头皮进行局部麻醉。碰触大脑不会带来痛感，因为那个地方不存在感觉神经末梢。患者可以和实验者讲话，实验者也可以和患者讲话。外科医生在切除术和先前电学研究的指引下，将电极插入大脑的不同区域，并让患者执行某些功能。讽刺的是，通过对某些区域施以电刺激，外科医生能够阻止他们做某些事情，比如说话或移动手臂。病人可能想执行某项功能，但是他们却无法做到。尽管这与他们所期待的结果相反——他们原本希望通过电刺激诱发行动，但事实却表明，大脑皮层的各个区域对于许多层次的思维都很重要。

20世纪60年代，罗杰·斯佩里（Roger Sperry，1913—1994年）对思维定位这一主题进行了进一步的研究。被实验者是癫痫病人，他通过外科手术将患者的两个脑半球分开，遮住患者的一只眼睛，然后让患者完成某些任务，而这些任务不会被这只眼睛对面那只脑半球所注意到。他能够确定每一个脑半球拥有不同的知觉。这就是为什么我们说我们要么是个右脑型的人，要么是个左脑型的人。因为右脑更多与情感和抽象思维有关，而左脑则更多与具体语言功能的筹划有关。尽管并非每一个脑区只负责二元论个性中的某一方面，斯佩里也应该因为他的研究成果而获得诺贝尔奖。

以细胞为基础寻找思想的根源，真是难倒我们了。我们可能知道我们的思维方式，但是没有任何东西可以证明神经元学说，即神经元是我们智力和思维的所在之地。想法和想象力以及创造力相互交织在一起。关于神经元电特性的启发性研究，还不能令人满意地对我们如何思考进行解释。

正如电学产生之前瑞士科学家阿尔布雷特·冯·哈勒（Albrecht von Haller，1708—1777 年）在其《有关动物理性和易激惹性的专题论文》（*Dissertation on the Sensible and Irritable Parts of Animal*）中所声明的。神经液体（nervous fluid）必须有6个基本性质：1.高度的可迁移性；2.它不仅必须可迁移，而且它必须只能够受意志和精神力量的驱动，而不是依靠心脏来提供帮助；3.它必须是一种流动性的物质，而且移动的速度非常快；4.它必须非常微小，以至于不能通过显微镜观察到；5.对于神经而言，它必须有着独特的吸引力；6.它必须是没有颜色、嗅不到味道、尝不到滋味、且觉察不到热量的。

哈勒在阐明定义神经活动（特别是运动神经活动）所需要的介质。回过头来看一下，除了第2点以外，所有这些标准都与电完美契合。神经元无疑是用来导电的，但是什么刺激它产生活动呢——是由十亿细胞所构成的复杂线路上的其他神经元吗？神经传导速度很快，能传导至很远的距离，能够引起肌肉收缩和动物活动，并且将感官输入传送至大脑。所有细胞都具有电位，但是神经系统的结构使得电流以一种"全或无"的方

式传导至很远的距离。然而，相对于神经电去极化而言，大脑
中神经胶质细胞的活动是在一种更微妙和精致的机制下实现的。
卡哈尔没有足够的技术来了解神经胶质细胞的功能，并且直到
如今，神经元学说阻止了运用新技术对神经胶质细胞进行研究。
这些细胞具有某些特性，因而更有可能成为神经活动的发起者
和按摩师，以及控制能力所需的意志力。

第 4 章 遇见星形胶质细胞

如果你看见一朵郁金香，你不会认为它是一只狒狓。同样地，看见一个神经元，你不会认为它是神经胶质细胞。但是当你看到一条鲸时，你也许会认为它是一条鱼，直到你走近看，发现它没有鱼鳃而是通过肺呼吸。然后，你会有疑问。通过基因检测和古生物学家的发掘，如今我们知道鲸可能起源于后来回到海里的陆栖动物，与像马这样的有蹄类动物有关。但是在基因检测和进化生物学出现之前，人们根据外观来对物体进行分类，细胞分类亦是如此。

神经胶质细胞包括施旺细胞（Schwann cell）、米勒细胞、上皮细胞、室管膜细胞、少突胶质细胞（oligodendrocyte）、伸长细胞、小胶质细胞和星形胶质细胞，尽管都来自于神经细胞，但它们的功能各不相同。

科学领域的学生总是声称，学习该领域新的科学术语就像学习一门新的语言一样。正如一个英文单词的含义会随着时间而改变（如 plane、buck、mouse、gay）一样，科学术语的功能被理解以后，它的含义也会发生改变。

随着细胞的功能被逐渐理解，这些术语保留了下来。神经胶质细胞可以传递信号和通信，但是它们总是被称作胶水（glue），因为最初人们认为神经元才是唯一可以传递信号和通信的细胞。

通过"行星"冥王星模糊不清的本质，我们可以发现一点，即我们很难使那些已经被分了类别的东西，再重新回到未被分类的状态。尽管它们听起来都像是由外星人杜撰出来的，但实际上神经元源自希腊语的肌肉或肌腱，突触在希腊语中则是钩子的意思。西红柿这个单词来自墨西哥中部阿兹特克人的纳瓦特语，但是包括作者在内，几乎所有人都不知道究竟应该称它为水果还是蔬菜。

当然，事物会随着时间改变，这就是为什么"神经胶质细胞"和"神经元"更适用于某些统一命名程序，而这也是现代生物学和天文学试图强加给我们的观念。事实上，谁知道神经胶质细胞还有"胶水"的意思呢？我们的大脑喜欢创造。

在生物进化学中，并没有完全解释清楚生命开始的原因。有人认为在某一时刻，海洋的碳排斥钠，便产生了细胞。然后，电解质排斥所产生的电位梯度需要能量来维持。最终，细胞聚集在一起并共同工作，以便产生能量。随后出现了动植物的分离。随着动物的进化，某些细胞进化成感觉单位（sensory unit），知道在哪里可以找到食物。然后，功能更明确的运动细胞单元逐步发展，帮助动物更有效地移动身体来获取食物。

神经元是这样一种细胞，其发展是感觉和运动功能的需要，其根源在于进化反射，其目的是繁殖和获取食物。想象和创造这些较高层次的思考，也许是分别进化而来的，甚至可能早于神经元。

正如卡哈尔描述的那样，事实上，标准神经元的最佳代表是最先由杨·浦肯野（Jan Purkinje，1787—1869 年）发现的位于小脑中的细胞。这个区域的浦肯野细胞位于大脑的后基底部，它们有着惊人的美学结构。树突看起来就像精致的木兰树。细胞体是完美的球形，就像一颗泪珠。轴突很长，从小脑延伸至脑桥，脑桥是紧挨着大脑基底部髓质的一个组织。

然而，也有许多其他类型的神经元，它们具有不同特征。从功能上来讲，主要依据它们所建立的连接类型来进行分类，从而分为感觉神经元、运动神经元和中间神经元。在 20 世纪初谢林顿所描述的"膝跳反射"或"膝反射"中，轻叩膝关节髌腱，使得传感系统将信号传导至脊髓，那里的运动神经元连接引起你的股四头肌收缩，从而使小腿急速前踢。任何一个膝盖受到叩击的人，都不会辩驳说他们可以用思想来控制膝反射。

由于这些生理反射，那些会对某些事情做出无意识、轻率反应的人，会被贬损地告知，不要做出"膝跳反射"反应，应该三思而后行。某人因为听到有人叫他"脑残"，就用拳头打了那个人的脸，这很可能就是在行动之前没有思考，而做出了"膝跳反射"反应。类似的，如果一个人的父亲说他讨厌圣路易斯红雀队，然后他的孩子也会说他讨厌圣路易斯红雀队，这个孩子也许并没有想过自己为什么讨厌这个圣路易斯红雀队（尽管这也许是合理的），而仅仅是复制了权威人物的观点。这是另一种"膝跳反射"反应。这些反应是完全基于神经元而发生的，在感官刺激和动作输出之间没有发生任何关联。

感觉神经元受神经末梢刺激，与我们的五官感觉相对应。例如，舌头上的感觉神经元对食物中的不同分子和酸碱度水平做出反应，使我们尝出到底是甜、酸、咸、苦还是鲜味，鲜味是最近 5 年由一位日本研究人员发现的，是一种可口的肉香滋味。

在我们的耳朵里，位于耳蜗底部的微小的毛细胞神经末梢对声音的振动做出反应。在我们的眼睛里，眼睛的视杆细胞和视锥细胞感受光刺激，并将其转化为电神经信号。我们的皮肤有温度和振动神经末梢。多变的鼻子不断地发动神经元和神经胶质细胞，以便对气味的多变本质做出反应。鼻子特别有趣，因为在低等生物中，嗅球在尺寸上比大脑的其他部位占了更大的比率。

运动神经元刺激肌肉运动，但它们之间是什么？当某个人让你开动脑筋时，你要怎么用它呢？

虽然神经胶质细胞这个词以及它的第一幅草图很有可能是由鲁道夫·菲尔绍和海因里希·米勒（Heinrich Muller，1820—1864 年）于 1846 年提出并描绘出来的，但它与伟大的导师约翰尼斯·米勒（Johannes Muller）没有关系——他在 1851 年首次对视网膜神经胶质细胞进行了描述。据说，视网膜细胞可以调节视网膜中的信号。它们也可向其自身发送信号。我们不知道如何为它们命名，因为它们似乎是与从眼睛延伸至大脑的神经元神经节细胞完全不同的功能单元，研究人员将其归为神经胶质细胞，并称其为米勒细胞。

菲尔绍更受支持，米勒经常被忽略，尽管菲尔绍 1846 年的文章直到 1853 年才发表，比米勒的文章晚 2 年，而且米勒的图纸和描述比菲尔绍的要复杂精细得多。事实上，在那段时间，菲尔绍在专业上比米勒更胜一筹。在 1848 年至 1849 年期间，菲尔绍支持柏林的革命分子，最终使他由于政治原因失去了其大学教授的职位。维尔茨堡大学抓住了这一机会，聘请菲尔绍为系主任，而回绝了更合适的候选人米勒的申请。由于这一打击，米勒在疗养院休养了半年。

西奥多·施旺（Theodore Schwann）在周围神经系统中发现了另一种主要的神经胶质细胞。施旺也是约翰尼斯·米勒的学生。如果把神经元比作高速路，那么施旺细胞就是周围神经系统的建筑工人。这些细胞的功能与米勒细胞大不相同，但是令人吃惊的是它们都是神经胶质细胞。它们的关系，与海因里希和约翰尼斯·米勒的关系差不多。施旺对这些细胞的功能一无所知，只知道它们与外围的轴突有关。

20世纪中期高倍电子显微镜的问世，使得人们可以对轴突的髓鞘有所了解。电子显微镜使得研究人员第一次清晰地看见了亚细胞结构。然后发现了施旺细胞外髓鞘的缠绕编织，并且证明了髓鞘隐藏在轴突自身内部是一个错误的观点。施旺细胞以髓鞘包裹着轴突，它们可以延伸至肌肉，因此它们可以快速传导电脉冲。施旺细胞从它们的细胞体中释放出多脂的髓鞘，并围绕着一群轴突盘绕，就像肉铺店员包裹香肠一样。

在中枢神经系统中，有髓鞘缠裹轴突的建筑工人被称为少突胶质细胞。卡哈尔的一个阿根廷学生皮奥·德尔·里奥·霍特加（Pío del Río Hortega）首次阐述了这种细胞。少突胶质细胞比施旺细胞小，大量存在于大脑白质中，并在纤维周围包绕髓鞘。

其他的线性结构的神经胶质细胞，例如大脑中的脑室和血囊泡，被称为室管膜细胞、内皮细胞和伸长细胞。室管膜细胞似乎可以帮助脑脊髓液随着延伸的丝状伪足流动并形成膜。上皮细胞构成血囊泡和视网膜的表层。上皮细胞还有一个重要的功能，就是阻止血液中的任何杂质侵入大脑。伸长细胞也可以通过细胞间的紧密连接，将脑脊髓液和血液分开。

在整个大脑中，小胶质细胞（所有神经胶质细胞中最小的）

对损伤和感染做出反应，就像血液中的 T 细胞和 B 细胞。这些细胞向被感染区域聚集时就像冰淇淋泡沫。可以将它们想象为大脑的红十字会。

然而，近期关于细胞的惊人发现是星形胶质细胞。如果神经元是高速公路，星形胶质细胞就是城市。这种细胞的功能有别于其他神经胶质细胞。星形胶质细胞是大脑皮层中数量最多的细胞，奥托·戴特斯于 19 世纪 50 年代在一份未完成的手稿上首次对它进行了描述。戴特斯在 29 岁时去世，这一发现由马克斯·舒尔特（Max Schulte，1825—1874 年）——约翰尼斯·米勒以前的一个学生代其发表。戴特斯支持菲尔绍的观点，认为这些细胞仅仅只是结缔组织。他对白质和灰质中有着许多突起的扁平星形细胞进行了描述。

雅各布·亨勒（Jakob Henle，1809—1885 年）也是米勒的一个学生，他认为这些细胞是大脑中活跃的功能单位。1856 年，菲尔绍写道，亨勒反对神经胶质细胞为结缔组织的概念仅仅是为了"他自己的利益"。1869 年，亨勒公布了他自己画的这些细胞的第一幅图。

随后，高尔基运用他的染色法开展研究，声称神经胶质细胞与血管和神经元有联系。高尔基所发现的星形胶质细胞与血管有联系这一观点，应该是"星形胶质细胞的功能是为神经元提供营养"这一观点的开端。

卡哈尔马上站出来贬低高尔基，但是他对于星形胶质细胞的本质并没有什么想法。在他与神经胶质细胞做斗争的过程中，他曾写道，"这些神经胶质细胞在神经中枢的功能是什么呢？答案是未知的，这个问题甚至很严重，除非生理学家能够找到直接的方法来攻克它，否则在未来的多年内它都将无法解决。"

星形胶质细胞这个词听起来像是星际游行，它是在描述星星形状的细胞。迈克尔·冯·伦霍谢克（Michael von Lenhossek，1863—1937年）在1891年提出了这一术语，用来描述"神经胶质细胞"。在19世纪，神经元被人们置于了显要位置，因此神经胶质细胞是一个很时髦的术语。除了神经元之外，都是神经胶质细胞。然而，他们主要指的是星形胶质细胞，因为它们数量很多，而那个时候少突胶质细胞尚未被发现。星形胶质细胞曾经被称为"蜘蛛形细胞"。德国病理学家埃德加·冯·吉尔克（Edgar von Gierke，1877—1945年）认为这一术语并不恰当，因为这些细胞有很多突起，而没有人看到过有如此多只脚的蜘蛛。伦霍谢克认为，所有的神经胶质细胞都应该被称为海绵状细胞，并应该被划分成不同的亚群，而其中一个亚群就是星形胶质细胞。

人们认为，某些与星形胶质细胞相关的细胞，是小脑中的伯格曼胶质（Bergmann glia）。它们的突起在突触层，细胞体位于神经节细胞体旁边。而且，在小脑和嗅球中存在的是有缘膜的星形胶质细胞，缘膜就像面罩一样把压紧的神经元细胞体紧紧地罩入其中。在轴突周边的白质中和少突胶质细胞周围，发现了纤维状星形胶质细胞。这些细胞的功能也许各不相同，但是因为它们的外观相似，我们都称它们为星形胶质细胞。也许它们之间可能存在信息交流，但这还没有得到证实。

大脑皮层中的星形胶质细胞主要是指"层间的"和"原生质的"星形胶质细胞，近来的研究表明，它们都与神经元的信息传递有关。它们看起来像章鱼或者星星。延伸到血管的脚板（footplate）几乎占据了这些细的 80%。神经表面几乎没有什么地方没有被探索过了。

当沿着动物进化阶梯向上看的时候（最古老的化石有大约 6 亿年的历史了），我们可以看到与神经胶质细胞有关的行为差异。

水母，其实际上几乎都是神经元，这种动物的基本运动就是在水中上下移动。当有异物侵入其空间时，水母也会有一些反射性反应。水母非常简单，它基本上就是水中的降落伞（就像在玩《海绵宝宝》中的追捕游戏）。

对于扁形虫，某些神经胶质细胞能够包绕神经元。事实上，扁形虫可以对环境变化做出一系列基本的动作，比如当它们的身体被翻转的时候，它们可以扭曲自己的身体，把身体纠正过来。它们也能够适应刺激。如果一些非威胁性的刺激持续打扰它们，它们最终会对刺激视若无睹。神经胶质细胞也许在扁形虫更复杂的行为中起着重要作用。

水蛭比扁形虫更高等，每 30 个神经元就对应 1 个神经胶质细胞，而且神经胶质细胞占据了神经系统空间的51%。水蛭的某些神经胶质细胞呈放射状，就像星形胶质细胞。神经胶质细胞与神经元组相关，神经胶质细胞可以调节环境，并很可能会向神经元传递信号。神经胶质细胞对其周围的每一个神经元区域都进行了划分。某些环节动物，比如太平洋中的矶沙蚕，在产卵前会聚集，诱导分子分泌物，这种物质可以使它们互相交流，从而改变行为。蚯蚓在移动它们分段的身体时，运用神经元产生反射性行为，神经胶质细胞则帮助协调。如果你切断了蚯蚓的头部，它们会生存下来并在无头端重新长出头部。无头端也可以进行交配，但是协调性不好。它们也会对刺激产生适应，但行为要复杂得多，这也许是因为神经胶质细胞会对神经元进行划分的缘故。具有最复杂大脑的环节动物，已经发展出了最具有侵略性的掠夺行为。

在昆虫中，神经胶质细胞也对大脑的区域进行划分。对于蜜蜂，神经胶质细胞占视网膜的57%。对于这些物种而言，整合视觉刺激需要大量的神经胶质细胞。昆虫已经形成了空间记忆。它们具有可以占有并操控领地的环境。蜜蜂和蚂蚁可以建造复杂的巢穴以存储食物和养育后代。它们可以互相交流，通过各种各样的刺激来描述附近食物的地点和类型。某些昆虫的复杂社会行为，可以通过把一个身体分成几个独立的动物体现出来。如果我们的头是女王，我们的四肢与我们的身体分离了，四肢能够在没有头的情况下，帮我们重新找到东西。应该说它们并没有表现出个体的智能。捕食性雌螳螂撕掉其雄性配偶的头部，以便交配行为不受雄性大脑功能的约束。

具有最复杂中枢神经系统的无脊椎动物是头足类动物，包括鱿鱼和章鱼。像星形胶质细胞这样的细胞在它们巨大的大脑中很突出。已经得到证实的是，它们会对刺激做出思考，这与它们皮肤上色素的变化有关。它们有复杂的求爱行为，在做逃跑还是战斗的决定时会表达情感。它们通过触觉和视觉做出明智的决定。

对于无脊椎动物，复杂的行为会随着神经胶质细胞对神经元的划分而增加。它们似乎不会睡觉，当没有刺激时，它们几乎不活动。

然而，对于我们无法与之交流的动物大脑内部活动进行猜测，是很困难的。还有一点会加剧这一困难，那就是事实上，水栖动物对其生存本质的认识，一定完全不同于我们这些生活在旱地上的人。

脊椎动物则大不相同，因为它们有髓鞘和轴突。髓鞘帮助神经与外围绝缘，就像包裹电线的塑料能够提高其电阻率一样。休眠首次亮相是在鱼类身上。鱼类的行为看起来似乎与鱿鱼和章鱼类似，但是鱼对刺激做出反应时，行为变化更少，且神经胶质细胞也更少。

两栖动物的行为并不比某些更特殊鱼类的行为复杂，但是它们的行为的确受空间限制，并发展出了特殊的捕食能力，它们比大多数鱼类拥有更多的星形胶质细胞，可以通过神经胶质细胞处理信息。它们也会休眠。

使人印象更深刻的是爬行类动物和鸟类。鸟类更能在最大程度上处理空间知识。听别的鸟唱歌，它们也可以学习新的歌曲。孤立成长的小鸟，所唱出的优美歌曲要少一些。个别鸟类可以唱出能够被其他鸟类识别出来的独特歌曲。鸟类之间的区别和哺乳动物差不多。人们发现，某些鸟类可以使用诸如树枝和石头这样的工具。

总的来说，哺乳动物具有最发达的神经元隔绝系统，而这是通过神经胶质细胞形成的。随着哺乳动物变得更加复杂，而人类是最为复杂的（海豚和鲸鱼可能对这个观点有争议），神经胶质细胞与神经元的比值、星形胶质细胞的广泛性以及它们之间的联系随之增长。龋齿类动物大脑的 60% 和人类大脑的 90% 都是由神经胶质细胞构成的。

星形胶质细胞在大脑皮层中的细胞数量比，随着动物智力的增长而增长。老鼠大脑皮层中星形胶质细胞和神经元的比值约为 0.3∶1。人类大脑皮层中，星形胶质细胞与神经元的比值大约为 1.65∶1。事实上，星形胶质细胞数量的日益增长与物种的智力相关。

神经胶质细胞是作为神经活动的某种驱动装置而进化的吗？人类对神经胶质细胞数量不断增加的解释为：神经元需要更多的支持来保证高效率有序的工作。然而，除了沿着轴突传导之外，神经元中的电流并没有什么特别的不同之处。很有可能的是，星形胶质细胞比率的增长，是为了弥补人类生存所需的日益增长的想象力和创造力。

怀尔德·彭菲尔德的研究表明，大脑皮层——就像是被汗水浸透了的皱巴巴的 T 恤衫一样，是高级思维的中心。大脑皮层的神经元主要是由锥体细胞组成的，锥体细胞的典型特点是，其长长的轴突延伸至远在大脑皮层另一处的其他位置，或者将其轴突延伸至其他大脑中心。这些细胞是由古斯塔夫·弗里奇和爱德华·希齐希发现的，它们位于大脑皮层的前额叶脑回中，具有运动功能。其他的参与者有遍布整个大脑皮层的较短的中间神经元；对它们的分类是根据它们的外观和蛋白表达。中间神经元通过动作电位传导信号的方式与运动神经元和感觉神经元一样。最终，由于大脑中存在数十亿个细胞，因而可以创造无限数量的连接，并根据其使用情况而强化或者削弱它们的联系。事情可能是这样的，但是它们是如何被强化的则是另一个议题了。

1949 年，唐纳德·赫布（Donald Hebb）出版了《行为的组织：神经心理学理论》（*The Organization of Behavior:A Neuropsychological Theory*）一书。在这本书中，赫布阐述了突触强度，突触强度是影响我们记忆和行动的决定性因素。关于长期势差（potentiation）的研究就是由赫布的思想演变而来的。我们对经历产生了记忆，我们回想这些经历的次数越多，这些神经元之间的突触连接就越强。学习是强有力的连接并影响我们的行为。

这个观点在 60 年后依然存在着争议，并且研究证据尚待详细审查。然而，如果这一理论正确，那么就应该归因于突触处大量的星形胶质细胞的信号传导。如果这些怀疑者是正确的，那么或许可以证明星形胶质细胞对学习效果负责。高速公路上有多少个通道或出口，并不是什么重要的事情。

像赫布一样的心理学家和行为理论家会去探讨我们思维的"黑匣子"——感觉处理和运动输出之间的区域。星形胶质细胞就是黑匣子。

在观察外伤患者的大脑时，保尔·布罗卡（Paul Broca，1824—1880 年）发现，大脑皮层左颞叶区负责语言。当彭菲尔德以电流刺激正在进行外科手术患者的大脑时，他证实了语言功能区位于左颞叶区。我们已经知道，运动皮层位于大脑前部沿着中线的带状区域中。来自于皮肤的感觉处理，则刚好在中线的后面。大脑后部是视觉皮层。位于感觉皮层和视觉皮层中间的顶叶皮层，为弹奏乐器和体育运动存储记忆；然而，人类大脑左侧的语言沟通区域，也可以通过血液流动观察到。

正电子成像术——利用一种特殊类型的照相机和特殊的药剂进行观察器官的实验（放射性示踪剂）。已经证实快速的血液流动所流向的区域，相当于彭菲尔德和其他人所描述的区域，即负责人类加工处理的区域。当让某个人说话时，血液就会迅速流向其左颞叶区皮层。我们已经知道，是星形胶质细胞而不是神经元在血管上有脚板，所以很有可能是星形胶质细胞将信号传递到神经元，导致其放电，使舌头以特殊的方式运动以便能够说话，同时也控制着血液流动以保证为自己和神经元供氧。随着钠进入细胞，神经元的线粒体需要氧气来生产钠离子泵出所需的能量。

神经元学说的践行者声称，数万亿的连接对于建立思想而言已经足够了。然而，感觉和运动功能之间的细胞破坏似乎也是讲得通的。传递到大脑的感觉输入可能是由星形胶质细胞进行处理的，然后星形胶质细胞基于所收到的感觉影响动作，无论这个动作是说话、举手、性交，还是其他什么活动。由恐惧或兴奋刺激引发的简单反射会绕过星形胶质细胞。可以将其看作平衡的支点，一边是受感觉支配的动物沉浸于自己的世界，像是一只压住了一个无足轻重星形胶质细胞的树懒，一只在充满阳光的走廊里看着小汽车驶过的胖狗，或者是不停运动的动物，比如一只被砍掉了脑袋四处跑来跑去的鸡。星形胶质细胞消耗能量时不会充分考虑其处境，就像一边尖叫一边追逐自己尾巴的小狗。处于中间的则是平衡的运动和感觉刺激，由星形胶质细胞负责接收输入，互相传递信号并控制动作输出。

星形胶质细胞是一种自给自足、自我复制的细胞，并且很满足地向其自己发送信息。除了为星形胶质细胞提供支持之外，神经元没有任何存在的理由。成熟的神经元无法独自发挥功能，而成熟的星形胶质细胞无需神经元就可以毫无困难地生存。当把成熟的神经元放置在皮氏培养皿中时，没有星形胶质细胞它们无法存活。星形胶质细胞在没有神经元的情况下也活得很满足。

卡哈尔对神经科学基础所做的贡献是毋庸置疑的。然而，事实上，这一领域被称为"神经科学"，不仅说明了他的巨大影响，还是一些后续研究人员对膝跳反射进行研究的缘由。卡哈尔的直觉告诉他，神经胶质细胞的作用很可能比想象的更为重要，他对卡尔·魏格特（Carl Weigert）观点的嘲笑暴露了这一点，因为魏格特认为神经胶质细胞仅仅是空间填充剂，根本没有任何功能。就那个时代可用的技术而言，卡哈尔认为自己尚无法对星形胶质细胞进行研究。然而，他所认为的"神经元作用突出"的强大信念，阻碍了对负责高级思维的大脑中最丰富细胞的研究。

其探索贯穿了整个 20 世纪的神经元学说，成为了我们如何理解我们大脑的基础，但是关于"什么会是大脑中最重要的细胞"这个问题，却被完全忽视了近一个世纪。正如所有的学说和政体一样，所有的抨击者都会草率地对其进行贬低或者嘲笑。在 19 世纪 50 年代时，你肯定不会告诉约瑟夫·麦卡锡（Joseph McCarthy）共产主义"不是那么坏的一件事情"。你也不会告诉宗教法庭说马丁·路德·金（Martin Luther King）"是个正派的男人"。毫无疑问，在 20 世纪时，你也不会对一个脑科学家说星形胶质细胞比神经元更重要。然而，日益增长的证据太引人注目以至于无法被忽视，研究或许会证实，神经系统之所以存在，其原因就在于星形胶质细胞。

第 5 章　在钙波上漂流

　　外形酷似万年青的神经元，通过四下扩散并不断噼啪碰撞我们头骨的电火花来处理信息，是目前人们对于我们大脑活动的普遍认识。这种关于大脑的"尚武科学"，也就是把神经元比作不断射击的枪炮，以想法的形式不断向我们大脑轰炸的观点，曾经在二三十年的时间里一直处于人们的审视和观察当中。自 20 世纪 80 年代起，科学家们发现了钙振荡或钙波的平稳流动。有些人或许会认为这与冲浪作为一项大众运动的出现有关，以乘着海浪无拘无束的自由漂流，代替了足球运动的肢体冲撞，和棒球运动中投手扔出的快速直球。如果你曾经当过兵并冲过浪的话，你的大脑就更加可能会以波浪的方式思考。就像男人的情绪一样，它们在冬天的时候会相当粗暴，而且冲浪时海浪的流动，可能会对神经科学研究产生颠覆性的影响。当电影

《怀春玉女》(Gidget) 于 20 世纪 60 年代上映时，冲浪运动变得流行起来，不久之后，斯蒂芬·库夫勒（Stephen W. Kuffler）的实验室成为了第一个对神经胶质细胞用严肃的实验方法进行研究的实验室。

如果星形胶质细胞是感觉经验和动作之间的中介物，想象力和创造力发生之地的黑匣子，那它们自身之间必然能够相互通信。魏格特那种认为静态的、呆滞的星形胶质细胞除了作为空间填充物（就像为了风水布置而很少使用的餐桌一样）之外，对大脑功能没有任何贡献的概念已经过时了。佩德罗那种仅仅把神经胶质细胞看作为神经元电流的缓冲区的观点，是完全错误的。

在一栋宽敞房子的正中间摆一张完美无瑕而无任何功用的漂亮桌子，实在是没什么必要——就像大脑中数量最多的细胞仅仅呆坐在那儿而什么也不做，这几乎是不可能的一样。在世纪之交，只有最杰出的科学家才会对脑细胞产生如此不切实际的想法，这可能是因为在他们自己的家里就有那么多没用的桌子吧。现在人们通过研究却恰恰得出了相反的结论，神经胶质细胞并非胶水或无关紧要的空间。罗丹（Rodin）创作其作品《思想者》(The Thinker) 时，当然使用了他的星形胶质细胞，而米隆（Myron）在创作其作品《掷铁饼者》(Discobolus) 时也在使用他的神经元。

星形胶质细胞要想成为想法的来源，那它就必须能够处理那些源自神经元的感官信息。它也必须能够与运动神经元通信以刺激行动。在外周神经，电脉冲通过钠和钾交换而迅速激活肌肉，使其收缩，我们称这种电脉冲为"动作电位"。动作电位还携带着从身体传导至大脑的感官输入信息。

作为用来研究神经电通信的生理技术，20 世纪 50 年代末60 年代初，科学家们开始将这些技术应用在神经胶质细胞上。最初科学家们认为神经胶质细胞是没有电位的，当他们将电极插入这些细胞的时候，他们只是像根木头一样呆坐在那儿——守株待兔。然而，他们做的这些研究并不精确，且其设计初衷更多的是为证实卡哈尔的结论——努力讨好其可畏先人的陈词滥调。

1955 年，保罗·格莱（Paul Glees，1909—1999 年）挣脱了神经元宗教的束缚——成为了第一个对星形胶质细胞的非绝缘角色产生怀疑的人。格莱写了一本书《神经胶质细胞：形态和功能》（Neuroglia：Morphology and Function）并声称："除了保护性、绝缘性和支撑性功能之外，神经胶质细胞的新陈代谢活动有没有可能已经超过了其自身的需求，从而直接影响神经元代谢和突触活动？"除非这一动态概念得到证实，否则神经胶质细胞还将停留于形态学和神经组织学范畴。

首例针对脊椎动物进行的神经胶质细胞生理学研究是在青蛙和泥狗身上进行的，斯蒂芬·库夫勒在哈佛大学的实验室于1966 年对外发表其研究结果。具有讽刺意味的是，同一年，他创建了哈佛大学神经生物学系。该系的名字证明了神经元学说在整个 19 世纪的影响力。如果他更民主且对其研究更有意识的话，他应该称之为"脑生物学系"。当然，这听起来并非幻想。库夫勒进行如此开创性的研究，也有为佩德罗的理论提供证据的意图，但是在此过程中，他却无意间发现了星形胶质细胞中的电位。那时，对于他来说，称该系为"神经及对杂乱无章且有趣的填充物（我们之前被认为是无用的细胞）进行检验的系"或许更合适。

他关于泥狗研究的论文以这些文字开始："关于脊椎动物中枢神经系统中神经胶质细胞的生理特性我们几乎一无所知。"的确是这样，在 1966 年，关于大脑中那些数量巨大且最丰富的细胞——神经胶质细胞，我们完全一无所知。

库夫勒及其学生尼科尔斯（Nicholls）和奥肯德（Orkand）针对水蛭所进行的研究，支持了神经胶质细胞是功能性细胞的观点。然而，在科学领域，由于人类属于脊椎动物而非软体动物，因此相对于针对脊椎动物所做的研究，针对水蛭所做的研究就算不得什么了。就像在水蛭身上一样，在青蛙身上，他们发现星形胶质细胞显示出了电位，其在存在钾的情况下会发生惊人的变化。库夫勒对钾很感兴趣，因为它在有电位的情况下会流出神经元。他想要测试（或证实）神经胶质细胞吸收神经元放电的理论，并且星形胶质细胞会对钾进行回应的观点将会使该理论更加可信。

星形胶质细胞会对离子进行回应的发现具有长远意义，激励科学家们对它们进行更加深入的研究。然而，星形胶质细胞的电刺激不可能产生动作电位，而且人们认为这是唯一有价值的脑细胞通信（神经元最偏爱的方式），所以科学家们仍然无法明白神经胶质细胞的重要之处。

在其随后的一篇论文中，当库夫勒和他的同事们对神经元进行刺激时，他们发现神经胶质细胞也会去极化。他们假设钾流入神经胶质细胞是这种去极化的主要原因。然而，如今科学家们知道，这其中有许多因素在起作用，其中钙发挥了最主要的作用。

1986 年，开放大学的肖恩·墨菲及其同事发现，由神经元释放出来的递质对大鼠新（大脑）皮层中的星形胶质细胞产生了刺激，并引起钙流出。人们已知的钙作为细胞通信调控因子的行为，使科学家们产生了疑问。库夫勒对神经胶质细胞进行研究的次年，研究显示，在神经元中的突触处，钙对于释放递质而言是必需的。

与钠和钾一样，钙也是一种常见的海洋离子，并且很可能在最初生命形成过程中扮演着积极的角色。虽然研究显示，细胞外的钠和细胞内的钾导致电脉冲沿着神经（纤维）向下传导，直到 1883 年，人们才发现钙具有重要的生物学意义。像 18 世纪和 19 世纪（和库夫勒实验室）的大部分研究一样，故事集中在对青蛙的残酷折磨上。悉尼·林格（Sydney Ringer，1836—

1910 年）发现，将解剖后的青蛙的心脏悬浮在钠盐中，它会停止跳动；悬浮在血液混合物中时，心脏将会继续跳动。但是把血液移走之后加入盐溶液，它就会停止跳动。先是跳动变慢，然后在 20 分钟后停止。这一时期过后，即使对于强烈的电击，心脏也不再产生任何反应。往盐溶液中加入氯化钾或碳酸氢钠，也无法帮助心脏再次跳动起来。然而林格发现，当加入钙时，心跳能够维持四个小时。像大多数生物学的重大发现一样，他的发现完全是个意外。林格让他的学生准备混合物，但这个学生没有用蒸馏水，而是误用了自来水。当林格发现伦敦自来水中的钙元素与我们血流中的钙含量相等时，他就完成了其著名的实验。

在那之前，对钠的强调，主要源于一些显而易见的原因。当我们到一个湖边并下去游泳时，我们尝到的是冰爽的淡水，这些淡水有时候甚至会使我们想要多喝几口。如果你把一个来自美国中部的人带到加利福尼亚州的海边，他很可能会迫不及待地想要跳到海里游泳，但如果你没有告诉他品尝海水会发生什么，那他会因为高盐度而呕吐不止。然而，我们不会去尝钙的味道。钠是一种在我们的味蕾上传导的离子，而且出于它在海洋中的优势地位，人们认为钠是最重要的离子。但是与钙相比，钠的味道就淡多了。

钙会与自然界中普遍存在的氮元素、氧元素和水分子产生强烈的化学反应。人们推断认为，对这种大量的高活性分子进行控制，对于生命而言是必不可少的。在自然环境中，钙主要与氯和碳或其他阴离子结合，并以盐化物的形式存在。就像俄罗斯方块游戏一样，不稳定的钙离子堆叠到一起，就创建出了生物体结构。在骨骼和牙齿中，它以磷酸钙的形式沉积其中。贝壳的主要成分则为碳酸钙。

很显然，生命是在四十亿年以前在我们这个星球上诞生的。就像多细胞生物一样，人们认为，经由钙信号和通信，细胞得以控制其他细胞及其自身。钙在生物体当中的作用，就像以骨骼化石的形式保存下来的脚印一样。

如今，所有的生命体都用钙作为所有身体器官中的细胞调节因子。钙在发展中占有绝对重要的地位。鸡蛋受精过程中，只有当钙波穿过卵子时，胚胎才开始孕育。细胞发展和分化是一个钙依赖过程。如果没有钙，胚胎就无法正常发育并会死亡。在母亲的乳汁中（除了许多其他的东西之外）含有高浓度的钙。

在植物当中，钙的活性以同样的方式发挥着作用。如果没有钙的话，就会阻碍和破坏根系的正常生长。在动物体和植物体当中，细胞相互交流并彼此附着，对于一个真正的"多细胞"生物体而言，钙是必需的。是钙信号在吩咐花朵开花。

在生物学领域，从动物身上取下组织细胞，随后将其放在皮氏培养皿中进行培养，是一种习惯做法。把细胞放在培养皿里时，它们像在组织内部一样彼此粘着。就像人类属于社会性生物而需要其他人类一样，细胞也需要其他细胞，这是一个完全依赖于钙的过程。如果没有钙的话，细胞就无法生长得那么快，并且它们的结构会发生改变。它们会将自己隔离起来，并不再进行细胞通信。

细胞外的钙离子浓度比细胞内的高 20 000 倍。然而，细胞含有内部复合物，它们所储存的钙是周围胞内间隙的 10~50 倍。细胞内外钙浓度的显著差异，来自于钙在未受调控时的相互影响。细胞内部的大部分钙都是附着在蛋白质上，在内部细胞复合物中汇集着。在地球这个星球上，如果不和某些其他物质发生相互作用，钙就无法自由存在。就像一个家庭中最受尊敬的那个家庭成员一样，细胞中的所有重要物质都少不了钙的参与。

继林格的著名实验之后，人们对钙做了进一步的实验。细胞外的钙能够阻止肌肉收缩。当它降到一定水平之下时，肌肉就会控制不住地抽动。在神经元的突触部位也储存着钙。当电信号到达轴突的末端时，钙就会从细胞外间隙涌向突触，就像百货商店中的人们涌向半价折扣销售区一样。钙"通量"导致钙从细胞内部那些汇集之地被释放出来，同时其对于递质的释放也是必不可少的。由于对于细胞内钙的认识发生在霍奇金和赫胥黎的乌贼巨轴突实验之后，人们认为，钙对于电位梯度的贡献要比之前想象的大。

在星形胶质细胞内，主要的信号来自细胞内部那些被称为"内部钙库"的复合物。为了使钙从细胞外间隙流到轴突的位置并引起递质释放，神经元需要轴突电脉冲。研究显示，影响递质释放的细胞外钙来自于星形胶质细胞。

墨菲和其同事发表的一篇短论文显示，递质能够带来星形胶质细胞内钙的增加。他们关心的是单个的细胞，并不知道星形胶质细胞能在多大程度上对神经元通信产生反应。向星形胶质细胞发送信号的神经元能够运送从我们的感官中获取的信息。如果神经元是参与到心理过程中唯一的一种细胞，为什么星形胶质细胞会对神经元的感官刺激有所回应呢？仅就其发现而言，墨菲和他的同事们并不知道星形胶质细胞也能够向其他星形胶质细胞发送信号，并且可以向神经元发送信号。

耶鲁大学的几篇论文，第一篇由安·康奈尔－贝尔（Ann H. Cornell-Bell）及其同事发表于 20 世纪 90 年代，该文认为，当星形胶质细胞受到刺激时，就会产生钙波。当某种递质作用于一个星形胶质细胞后，或者某个研究人员用一根电极——一根 1/200 毫米宽的长塑料针手动刺激这个细胞时，钙波就会从一个星形胶质细胞传播至下一个星形胶质细胞。这种传播与高尔基描述的类似——通过细胞上像星星一样的长长手臂之间的有形连接进行传播，就像数以亿计的章鱼手拉着手一样。

对于细胞是怎样彼此手拉手的认识始于 1969 年。美国国立卫生研究院（National Institute of Health）的研究人员米尔顿·布赖特曼（Milton Brightman）和托马斯·里斯（Thomas S. Reese），为后来被称作（细胞）间隙连接（gap junction）的研究奠定了基础。通过观察在电子显微镜下拍出的照片，他们发现，星形胶质细胞用其突起的末端刺入血管和神经元表面，也会与其他星形胶质细胞打交道。如今，人们知道不同星形胶质细胞的脚板彼此环绕，因而形成一个结，神经末梢则通过这个结将两个细胞捆在一起。

在其他类型的组织（如肝脏和心脏）内部也存在间隙连接。间隙连接通过细胞内通道而融合到一起。想象一下船闸和水坝。一边的水位高于另一边，但是驳船和轮船在上下游之间进行自由的转换，是在船闸部位实现的，在这个部位，水位能够被升高或降低至与另一边相同的水平。星形胶质细胞间隙连接通过其规律有序的船闸和水坝，来确定有哪些东西可以从一个细胞传至另一个细胞。

在大脑皮层里，连接一对星形胶质细胞大概需要 230 个间隙连接。如果将染料注射到一个星形胶质细胞内，将使得其周边 50~100 个星形胶质细胞被该染料染上颜色。在不同的脑区，星形胶质细胞间相互连接的程度各异。几乎所有的大脑皮层星形胶质细胞都是有形地连接在一起，而高尔基猜想有一种细胞在负责想法时，也曾这么认为。

少突胶质细胞，这种细胞在轴突周围包裹绝缘层，以帮助神经元更好地导电，同时和星形胶质细胞共同形成间隙连接。虽然在促进彼此连接时，它们不像星形胶质细胞那样高效，但是星形胶质细胞与少突胶质细胞的间隙连接，可能是控制髓鞘形成的一种方式，以便提高神经元的电导率。打个比方能够更好地帮助我们理解这一点，我们可以把少突胶质细胞比喻为建筑工人，它们在神经系统这条路上工作。星形胶质细胞发出修路的指令，因为汽车无法像其所期待的那样沿着高速公路快速行进。

实际上，在神经元的发展过程中，间隙连接能够在星形胶质细胞和神经元之间存在。我们可以这样理解这些间隙连接，也就是在聚集在大脑皮层里的星形胶质细胞之间修建一条新路——建筑师和城市规划师修建新的基础设施。

星形胶质细胞储存钙的主要内部复合物被称为内质网、线粒体和高尔基复合体。这些区室都被膜包裹着，与其余的胞内间隙类似，这些区室也有其自己的电位梯度。由于这些区室也存在于胞内间隙中，这些区室外面的胞内间隙被称为胞质溶胶（cytosol），这种说法很容易让人混淆。

来自耶鲁大学的另一篇论文，由史蒂文·芬克拜纳（Steven Finkbeiner）发表于 1992 年，在文中，他阐释了其将染料注入结合有钙的星形胶质细胞中所做的一系列实验。能够观察到钙波从一个细胞以曲线方式移动到另一个细胞。就像一连串多米诺骨牌一样，一个细胞刺激另一个细胞，而它们的作用模式则类似于银河系。

芬克拜纳经过研究后认为，肌醇三磷酸是块状的，能够阻止钙波从一个细胞流动到另一个细胞。

　　至此，应该说，肌醇三磷酸是一个令人不快和厌烦的名字，而这个名字是由化学家按照他们的命名系统起的。它不是蛋白质也不是基因，只不过是一个分子。无论如何，肌醇意味着它含有 6 个碳原子、12 个氢原子和 6 个氧原子。三磷酸意味着它还含有三个磷酸基。当我们进入到与基因和蛋白质有关的生物学年代后，将会遭遇科学历史上某些最糟糕的名字。我们因为这些糟糕的统一命名的方式而受到了限制。最初，研究人员认为蛋白质应该在做某些事情，但是后来当他们发现蛋白质并没有做这些事情时，这种命名方式往往带来事与愿违的结果。20世纪 90 年代初期，有几个家伙发现了一种蛋白质，并在他们打完那个时代流行的世嘉游戏之后，给这种蛋白质起名为音速小子（Sonic Hedge Hog），对于这些家伙来说，每个人的心中都应有一块专属的空间。更令人不可思议的是，后来的研究证明，这种蛋白质对于胚胎发育非常重要。当严肃的生物学教授在上课时，不得不在 15 分钟的时间内说出 30 次音速小子这个词，我想不出有什么比这个更搞笑的事情了。

　　当人们发现钙能够将信号从一个星形胶质细胞传导至另一个星形胶质细胞时，已知的钙信号的影响变得更加清楚了。钙还能够对星形胶质细胞中的基因产生作用，影响细胞对钙刺激反应的长期变化。而且，钙浓度比其他胞内间隙（胞质溶胶）高 10～50 倍的内质网，被其自身的（内质网）膜与外界分隔开了。在内质网中，蛋白质对钙结合并不像在其余的胞内间隙内那么敏感，因为钙浓度很高，蛋白质所能结合的钙已经饱和了。

实际上，在胞质溶胶中，蛋白质的钙结合度要高 1000 倍。这使得星形胶质细胞能够在其细胞中容纳一团活性钙，从而在受到刺激时将它们释放出去。然而，要容纳钙是一件很困难的事。

对于一个许久都没有见过火的森林而言，划着一根火柴，都能使其燃至熊熊烈火。然而，被液体淹没的内质网就像火焰本身一样；如果蛋白质已经被点燃了的话，它是不可能再次被点燃的。内质网中极高的钙浓度，以及蛋白质在低钙水平下的敏感性，使得恒压产生，从而使钙进入到胞质溶胶中。此时，钙终于摆脱了束缚，结合在各处发生。蛋白质这种在短期内发挥其功能的方式，能够发展成为一个长期的过程，因为当钙与蛋白质相结合时，会改变其长期功能。星形胶质细胞中，实际的钙波活动甚至更惊人。有两种受体能够促进钙离开其内部储藏所。一种是受体不断补充更多的储藏所；另一种则为肌醇三磷酸受体。钙自己就可以激活它。所以，当钙以波的形式在细胞间移动时，它就可以不断补充更多的钙。

块状的肌醇三磷酸阻断了波的移动。钙对肌醇三磷酸受体的活化作用，能够降低受体的敏感性。肌醇三磷酸对其自身的受体更敏感，但是相对于钙而言，它的活性则较低，而且在细胞的许多区域会行动过度。当钙和肌醇三磷酸将其受体附着在内质网上时，他们的做工原理类似于水龙头上的把手。打开把手之后，钙就流出来。钙经由这些受体从内部的内质网释放出来，在其隐退回内质网之前，会引起火花或泡泡。由于钙本身会促使邻近内质网钙库释放更多钙库存，因此这些火花或泡泡会增大。

钙重新返回到内质网，需要消耗能量。通过使用来自血液的能量，细胞的发电厂线粒体生产出三磷酸腺苷（ATP, Adenosine-5-triphosphate）。细胞中 ATP 的消耗，与地球上的石油消耗很像。它在毫不节制地生产能量和电力。信不信由你，在线粒体中，促使 ATP 产生能量的不是别的，正是钙。

我们吃喝时，我们的身体将我们摄入的食物分解为能量。线粒体生产 ATP 时，就需要这种能量。脂肪和糖被分解为一个一个的单位，并最终供线粒体运输系统使用。当可用能量不足时，钙就无法泵回内质网，由此引起的钙扩散会导致细胞死亡。然而，在我们的身体中，有太多的能量是以脂肪的形式储存起来的。

在神经胶质细胞的发展过程中，其生长和分化导致其外部的钙通道受到挤压。当细胞发展成熟后，外部的通道就会像自行车上的辅助轮一样被移除。现在，星形胶质细胞已经能够自己对钙进行管理了，甚至还能够做到"骑车大撒把"。在其成熟的细胞内，星形胶质细胞传导信号的主要途径，就是通过将内部内质网储存的钙释放出来实现的。经由从神经元中释放出来的递质，激活细胞外星形胶质细胞受体，继而促进胞质溶胶内肌醇三磷酸的形成，而肌醇三磷酸则会引起内质网钙的快速释放。

当递质作用于星形胶质细胞时，它们就促发出一系列钙"泡"——促发（引起星形胶质细胞扩散的）钙波的火花，使细胞内更多的内质网和和线粒体参与进来，通过波的形式经由间隙连接传播至其他星形胶质细胞，而这种波能够传播至邻近半毫米内的所有细胞。然后，更多的内质网参与进来，钙和肌醇三磷酸通过间隙连接继续创造这种发生在星形胶质细胞间的惊人事件。

可能正是由于对钙的控制，才使得我们能够生存。人脑中充足的星形胶质细胞以及人类所具有的交流能力，可能就是我们这个星球上对这种控制的最佳表述。钙能够以近乎毫秒的速度，影响星形胶质细胞信号传导的短时变化。作为对某种刺激（源）的反应，它还能使细胞的构成发生改变。从某种程度上来讲，通过附着在基因或蛋白质上，并改变它们发挥功能的方式，这种刺激（源）已经持续了数月或数年。

相较于神经元通信而言，星形胶质细胞内的钙波传播要慢得多，因而对于信息整合和处理而言，这是一种绝妙的方式。星形胶质细胞从反应迅速的感觉神经元接收信息，并将这些信息储存起来以备长期之用，我们无须违背自己的阴阳就能接受这种观点。反过来，当我们需要产生肌肉运动，或者将信息传导至脑部其他部分的星形胶质细胞时，它们便与神经元进行通信。

由于钙很容易与其他分子结合，因此非常不稳定，这就使得钙很难被汇集起来。钙波是从其星形胶质细胞内的内部钙库中，像雨滴降落到湖面上那样，被间歇性不固定地自发性释放出来的。如果这些钙泡足够强壮且持久，还能够推动钙波穿透星形胶质细胞。如果星形胶质细胞内的钙波受到了源自感官的神经元通信的影响，那是因为我们在对周边的环境进行反思。当灵感、创造力和想象力被激发时，自发性的钙泡就会变成钙波。

高尔基的想象过程与我们类似。虽然他的想象对象是神经元，但他想象的观点却在星形胶质细胞身上成为了现实。这一点却越来越清晰。星形胶质细胞是一个有形的错综复杂的网，而其周边环境中的细胞不断将更多的星形胶质细胞吸收进来，并通过钙波和钙信号的改变储存信息。当神经元参与进来时，（钙）波则会随其同步调整。我们大脑的信息检索能力，很可能就是通过感觉神经元对星形胶质细胞的抓取实现的。

可怜的卡哈尔却对此一无所知；虽然他质疑过神经胶质细胞没什么用的观点，但是他太固执于他自己的观点，而且他所理解的才华，就是通过贬低星形胶质细胞的功能获得了支持。他是清白的，因为他只是把所有的赌注都押在了他可怜的兄弟佩德罗身上而已。

通过血管上能够增加思维区域血流量的臂状物，星形胶质细胞被激活了。我们生活中那些被深埋起来的启发性的信息，为了能够被检索到，已经等待了数年、数月或数分钟。如果我们从周边接收到的感官刺激，使我们认为似乎有必要就这些信息采取些行动，好，那就将其传导至神经元。

星形胶质细胞中钙的这种自发性活动，或许就是人类这种具有创造力和想象力的生物的天性。闻所未闻思想的首次诞生，源于无限的可能性。波是可以快速流动的，通过将星形胶质细胞中储存的信息释放出来，能够巩固这些思想。如果某种原创思想值得其他星形胶质细胞种群学习，那么人类这一生物的进步就可以仰赖钙的帮助。当这种波通过间隙连接时，它会根据不同的钙释放的响应方式，来决定将哪些其他的星形胶质细胞吸纳进来。

　　冲浪者们了解海浪的变幻莫测。有些时候，海浪来势凶猛，除了能有短暂的平静之外，会不时有三四层浪形成一组同时涌来；而另外一些时候，它只是偶尔涌起猛轰一下海岸。有些时候，当遇有强风时，波浪翻滚导致他们根本无法航行。活跃的人脑中的钙波是研究人员无法直接进行研究的领域，但是这一天就要到来了。人们意识到它们很可能是同步发生的，就像冲浪者所渴望出现的那组好浪一样。人们认为，当他们闲坐无事时，钙波更有可能出人意料地不定时发生。无论星形胶质细胞受到何种影响——通过化学方法还是血流的改变，我们的想象力总归是被这种微妙的东西给激发了出来。

第 6 章　嗨神经元，是我，神经胶质细胞

　　神经元亲眼目睹了钙波从星形胶质细胞中被释出，并流遍整个大脑皮层。然而，它们并非天真的旁观者。随着钙波削弱并传播至其他星形胶质细胞，它被送回并重新在细胞的内部钙库中汇集。但我们毕竟不是在《发条橙子》（*A Clockwork Orange*）中——坐在椅子里，把我们的眼皮强行撑开，充当厌恶疗法的实验品。我们会按照我们的经验行事。星形胶质细胞对来自我们感觉神经元的信息进行处理，并且在某些情况下，继彼此通信之后，星形胶质细胞或许会决定激发我们的运动神经元。

　　星形胶质细胞是我们认知功能的发源地，并因此与我们的生存倾向交织在一起。或许是那些被称作"脚板"的突起，伸出来附着在我们的血管上，向我们传达口渴的信息。星形胶质

细胞则可能会决定端起一杯水。

我们知道，钙是从星形胶质细胞内部的钙库释放出来的。被释放出来之后，它经由（使星形胶质细胞通信成为可能的）间隙连接，以波形的方式移动至其他星形胶质细胞。这个过程或许就是人类存储和检索信息、创造新思想、想象和做出决定的方式。

我们还知道，星形胶质细胞会为神经元释放出的每一种递质预备受体。星形胶质细胞释放递质的行动，能够促发钙波。并且如今我们了解到，星形胶质细胞能够指挥神经元放电。

在其与斯蒂芬·库夫勒就神经元－神经胶质细胞间通信特性合写的论文中，理查德·奥肯德（Richard K. Orkand）声称，神经胶质细胞电位所引起的位场有多强，及其对周边神经元的影响程度如何，尚不得而知。对于神经胶质细胞中的电流会对神经元产生影响这一观点，现有实验尚无法为其提供支持，原因在于，这两种细胞之间的显著差异极大地削弱了电流在这两类细胞之间的传导。然而，1990 年，奥尔巴尼医学院（Albany Medical College）的哈罗德·基米尔伯格（Harold Kimelberg）在尝试对脑损伤所致星形胶质细胞肿胀进行研究时，他把细胞放进皮氏培养皿进行培养，并加入能够促使它们被液体浸染的物质。这种肿胀导致递质从星形胶质细胞中被释放出来。

然后，1994 年，在《科学与自然》（Science and Nature）上，两篇相互独立的文章几乎被同时发表出来，首次声明星形胶质细胞与神经元之间存在通信。

菲利普·海登（Philip G. Haydon）的实验室在爱荷华州立大学，梅肯·内德歌德（Maiken Nedergaard）的实验室在康奈尔大学，他们研究了在与神经元有关的事情上，钙所起到的作用。在进行培养时，内德歌德对某一个星形胶质细胞进行刺激，并观察到钙波喷发出来，传导至其邻近的其他星形胶质细胞。然而，她还注意到，隔壁神经元的细胞体中的钙浓度升高了——这种现象会导致递质释放。

海登与弗拉基米尔·帕布拉（Vladimir Parpura）及其他同事合写的论文则更进了一步，他们对谷氨酸的作用进行了研究。谷氨酸是一种兴奋性递质，普遍存在于大脑皮层中，之前人们认为它只能由神经元释放出来。但是他们的研究表明，谷氨酸能够从星形胶质细胞中释放出来，并引起神经元中的信号传导。在 20 世纪 90 年代，谷氨酸从星形胶质细胞中被释放出来并作用于神经元这一启示，具有革命性的意义。这就像听到教皇每天都面朝麦加的方向屈膝跪拜一样，令人感到吃惊。谷氨酸和星形胶质细胞在某种程度上有些关系的观点，最初出现在 20 世纪 80 年代中期。

1984 年，海德堡大学的黑尔梅·克腾曼（Helmet Kettenmann）及其同事研究发现，谷氨酸、天冬氨酸盐和伽马氨基丁酸（GAMA）会引起星形胶质细胞内电位的改变。从库夫勒那个时代起，人们就知道，在没有动作电位的情况下，星形胶质细胞的电位也能发生改变。然而，没有人认为递质能够作用于星形胶质细胞。毕竟，它们是叫"神经递质"呀。之后，在20世纪80年代中期，墨菲和他的同事们往星形胶质细胞上喷了一些谷氨酸后发现，从神经元释放出来的递质能够在星形胶质细胞内触发钙波，这令所有人都感到震惊。

谷氨酸能够对星形胶质细胞产生作用的新发现，使得人们又在星形胶质细胞上发现了谷氨酸受体。神经元的重要地位和神经元学说非常有影响力，以至于神经胶质细胞是身体中最后一种被发现有受体的细胞。研究人员提出，由于害怕失去生计或被人当作疯子，而忽略自己的想法，屈服于更权威和被公认的卡哈尔，这就是人的本性。屈从于卡哈尔这位有非凡才华的人，从而得出神经胶质细胞毫无意义这一可恨的假说，导致大脑中含量最丰富的细胞成为了最后一种被检查出有受体的细胞。身体中的受体信号存在于所有细胞当中。然而，在大脑中，这却成了神经元的特权。就想法来源于哪种细胞所做的思考被迫停止。

20世纪50年代的电镜照片显示，星形胶质细胞紧挨着神经元。研究人员不确定的是，这些被毫无用处的星形胶质细胞刺入的高放电细胞，其彼此之间是如何连接在一起的。谢林顿和卡哈尔一定在其坟墓里翻了个身。通过高尔基和卡哈尔发明的银染色法，呈现出来的是一种不同的星形胶质细胞，它与神经元是分开的，有着漂亮的光环。但是银染色法并非适用于所有细胞，只能给几种细胞染色。考虑到细胞与细胞之间紧紧拥抱，电子显微镜甚至显得不够强大。在轴突外面，让星形胶质细胞承受一个脉冲的撞击，还说得通；然而，像一个好事的邻居一样，闯入神经递质的领域，就显得不太明智了。这种突触接触，以及随后的一个发现——星形胶质细胞中的谷氨酸诱发了钙波，共同表明星形胶质细胞很可能是在突触位置处理信息的。

当菲利普·海登、弗拉基米尔·帕布拉和他们的同事们发现，星形胶质细胞能够以类似于神经元的方式，将谷氨酸释放到细胞外空隙，随后又有一些单独的研究显示星形胶质细胞能够导致神经元内部产生真实的动作电位时，光彩夺目的神经元正在被告知要做什么。

由于星形胶质细胞的递质受体表达，人们还可以将此看成"神经元也告知神经胶质细胞要做什么"。的确是这样的。然而，神经元放电这一特点，与感觉或运动功能相联系，接收感觉信号并将其传导至肌肉。星形胶质细胞则没有这种依附性。星形胶质细胞对神经元信号进行加工，并指挥神经元迅速作用于肌肉和内脏。为了更好地理解这一观点，想象一下照片或视频。导演在拍摄电影时，他的摄影机正前方的影像，被记录在了胶片上，通过回放胶片，能够使这些影像再次显现出来。但是，你不能说胶片就是那个导演。在图 6-1 中，星形胶质细胞就是感觉信息的加工者和运动的指挥者，而神经元只是它使用的工具而已。正如在后面的章节中将要看到的，通过更加专注和专心的人类思想，能够促进星形胶质细胞的增长。

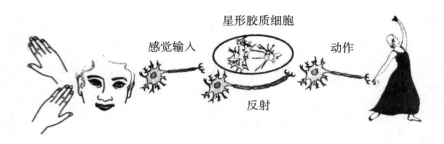

感觉输入　　星形胶质细胞　　动作

反射

图6—1　星形胶质细胞对来自于感官的信息进行加工和记录，
且它为了激发运动而指挥神经元放电

　　海登将神经元－星形胶质细胞－神经元的这种活动描述为
"三突触"。根据这一理论，神经元带着信息而来，为的是向另
一个神经元传导信号，就像把食物送到顾客跟前的侍者，然后
星形胶质细胞往盘子里加入盐和胡椒。然而，三突触理论没有
考虑到一点，就是星形胶质细胞能够在不对神经元刺激进行响
应的情况下，自发将信号传导至神经元细胞。星形胶质细胞不
只是加盐和胡椒，更是烧饭的厨师。

　　比如说，你想用拳头打某个人的脸。或许是因为这个人说
让你下地狱，或者是他辱骂了你的妈妈，又或者你坚信蓝精灵
比海底小精灵要好，而这个爱开玩笑的人却站在了海底小精灵
那一边。总之，你正在将一些感官刺激接收到你的大脑中。当
你对"海底小精灵至上"这一刺激进行加工时，它到达大脑皮
层，然后你的星形胶质细胞发出钙波，作为对如此强力刺激的
回应。已经被星形胶质细胞钙信号固化的先前经验，使你想起

了海底小精灵吸吮的样子。频繁的钙波指挥神经元放电，你的反应则是伸出胳膊然后猛击那个可怜的家伙，正中他那两只钟情于海底小精灵的眼睛中间。

这一反应特别迅速，就像一个反射一样，绕开了所有的星形胶质细胞。研究证明，星形胶质细胞收缩其细胞体，让神经元彼此任意放电。它们的脚板放松并停下来，就像一个孩子坐在一个大轮子上沿着一座小山向下滑一样。这使得神经元能够在不受干扰和影响的情况下迅速放电，并在不受思想抑制的情况下产生一个反射。

星形胶质细胞发出钙波需要花费比神经元更多的时间。因为你曾经非常深入地考虑过这个问题，所以突触处的星形胶质细胞或许已经为"蓝精灵－海底小精灵之争"做好了准备。当你听到"海底小精灵比蓝精灵要好"时，突触处的星形胶质细胞马上将其重新定位到负责手臂移动猛击的运动皮层。

实际上，频繁考虑任何事情，如许多个星期六的早晨从头到尾都坐着思索动画片，都会导致你在考虑问题的时候，淹没所有的感官刺激。这种原创性思维可能就是通过钙波，完全由星形胶质细胞推动的。

原创性思维和想法来自于哪里呢？启发来自于哪里呢？如果把星形胶质细胞和神经元一起进行培养，星形胶质细胞中的自发钙信号不仅能够引发钙波，而且这些钙波还能够引发神经元信号传导。这可以解释为什么我们能够把我们的想法说出来。

乔治·卢卡斯（George Lucas）给达斯·维德（Darth Vader）戴上黑色塑料头盔的设计灵感来自于哪里呢？意外掉到牛顿头上的那个苹果，刺激一个星形胶质细胞钙信号由一个钙泡发展到了一串钙波。人们可以说马塞尔·普鲁斯特（Marcel Proust）的《追忆似水年华》（*Remembrance of Things Past*）就是一长串钙波在他的大脑皮层中流动的结果。我们就不需要再去讨论吉姆·汉森（Jim Henson）的创作灵感诞生于哪里了。自发钙信号传导和随后的神经元放电就是创作行为。依据我们以往的经验，自发钙波还会淹没存储信息的星形胶质细胞，继而影响我们的创作。当神经元放电受到限制时，钙信号传导会在星形胶质细胞中继续。这种不受神经元影响的钙波喷洒可以被理解为，当一个人置身于感官剥夺的牢房中时所出现的狂想（wild imaginings）或梦幻般的状态，或者在神经关闭期间，由钙流动所整合的自由的梦。

研究还发现，所有的递质不仅作用于星形胶质细胞，而且当它们被神经元释放出来时，它们还能被运送到星形胶质细胞里，在那里它们被分解和再合成。研究显示，这适用于所有的递质：谷氨酸、多巴胺、5-羟色胺等。然而，这些递质在星形胶质细胞中再合成时发生了什么，直到10年前才被发现。

研究发现，从星形胶质细胞释放出来的谷氨酸，与从细胞外间隙（extracellular space）被神经元（或星形胶质细胞）释放出来的谷氨酸，可能是同一种。神经元与星形胶质细胞释放谷氨酸的方式相同。

星形胶质细胞中的谷氨酸浓度比细胞外间隙要高 10~10 000 倍。与离子的情况类似，这一惊人的差异，会形成一个梯度，假如一个房间冷而隔壁的房间热，那么你只要一打开门，热空气就会涌进来，两个房间的温度会变得相同。钙波进入星形胶质细胞以后，触发器将谷氨酸以小膜球的方式送入细胞膜，在这里那些球融化，然后谷氨酸被释放到了细胞外间隙内。

把谷氨酸运送到星形胶质细胞内时，两个或三个钠离子和一个氢离子也会进来，同时一个钾离子移动出去。在这种离子交换期间，星形胶质细胞中向细胞往返穿梭运送递质的谷氨酸转运体是高度表达的。谷氨酸的囤积会一直持续到闸门打开那一刻。研究发现，除了谷氨酸之外，几乎每一种递质都会从星形胶质细胞中释放出来。突触处的星形胶质细胞受体会因周边神经元种类的不同而不同。如果星形胶质细胞是在大脑皮层，它可能会含有谷氨酸受体。如果是在基底神经节里（基底神经节会在帕金森病中受损），星形胶质细胞将会对多巴胺产生反应。

证据显示，间隙连接（星形胶质细胞彼此连接之处）处的通道，也会有星形胶质细胞释放谷氨酸和递质。当（钙）波传导至间隙连接处时，谷氨酸会释放出来。然而，这种通道释放的作用到底为何，还不清楚。

从某些方面来讲，从星形胶质细胞中释放出来的递质与神经元中释放出来的不同。研究人员是通过使用毒素（toxins）发现这一点的。通过阻断小膜球融化，毒素（如破伤风毒素）能够在数分钟之内在突触处完全阻断神经元释放递质，而它在经过 20 个小时之后，却只能阻断星形胶质细胞 70% 的递质释放。这可能是因为与神经元相比，星形胶质细胞还有许多其他的递质释放渠道。而肉毒杆菌（botox）则能更有效阻断星形胶质细胞递质释放。我们学到的教训就是：不要往你的大脑中注射肉毒杆菌，否则你可能会思维混乱。

在大脑皮层，星形胶质细胞主宰着它周边的环境。星形胶质细胞控制着血液中的营养。星形胶质细胞在其突触处释放递质，以控制神经元放电。它们不仅从神经元接受信息，而且吸收由神经元释放出来的递质。星形胶质细胞甚至还能决定它想让神经元执行的信号传导的类型。神经元能够以不同的频率放电。研究显示，当某一种特定的星形胶质细胞在突触处发出信号时，短距离信号传导增多，而长距离信号传导则会受到抑制。

在海马体（hippocampus），也就是大脑中负责形成新记忆的区域，80% 的大突触联系（large synaptic contact）被星形胶质细胞包围着。当信息通过神经元从感官输入进来时，在海马体中，钙波对神经元放电予以回应，以与神经元放电相类似的频率发生移动。除非神经元放电的强度足够大，否则这些钙波是不会向外传播的。以前，人们认为，海马体的记忆信息全部存储在神经元中。然而，如果该区域内的神经元之前曾经有过强烈放电的经历，钙波会变得更频繁，且更容易被促发。突触处的强放电表明，感官接收到了一个强烈的刺激。强放电增强了这一轴突在下一次受到刺激时的放电能力。然而，在星形胶质细胞中，来自神经元的一个强烈刺激，也会提高钙波的频率，而此钙波则会传播至所有临近的星形胶质细胞。记忆是在海马体形成的，但是信息则驻留于整个皮层区。这是星形胶质细胞的地盘。来自感官的刺激以神经元的形式，修建出了一条更好的用于穿行的道路，一条高速公路。但是，信息的加工地和存储地却在星形胶质细胞里。

如果有人想要通过重复来尝试记住某些东西，他不断地重复他所需要记住的内容，这种感官刺激就会被发射到海马体中。例如，你在酒吧碰到了一个名叫珍妮的女孩，你和她相处得很愉快，但是她必须得走了，所以你试着找她要电话号码。现在唯一的问题是，谁都没有带笔，因而无法把它写下来。所以你将这个号码重复了好几遍——8675309，8675309，8675309——而使此记忆得到巩固。当你回到家以后，你试着记起来——珍妮的号码是多少？当你重复说那个号码时，神经信号发射至你的大脑中，激发星形胶质细胞钙波，由于先前的神经元放电的复现，钙波的频率增加。或者，你只需要把这个号码存到你的手机里就可以了。

在钙波激发过程中，随着每一次波的增强，就会有一份谷氨酸从星形胶质细胞中被释放出来。钙波的增强会使谷氨酸释放量增加。这种向神经元传导的递质信号，并非全部发生在突触部位。星形胶质细胞能够在神经元漂亮的长长的身体上的任意一点对其产生影响。随着（钙）波通过间隙连接传播至其他星形胶质细胞，其他的星形胶质细胞将释放谷氨酸，并对其周边更多的神经元产生刺激。一个星形胶质细胞还连接着许多细胞，它释放谷氨酸并将钙波传播给其他细胞。

星形胶质细胞不仅是负责存储想法和记忆的细胞，它们还为我们人体的激素水平做出了贡献。在大脑中和水平衡及微循环有关的脑区，星形胶质细胞会生产蛋白质。这些蛋白质被称为肠肽（intestinal peptide）、心脏肽（atrial natriuretic peptide）和脑血管紧张肽原（brain angiotensinogen）——三个你不可能在律师事务所看到的名字。它们会对向血液中释放激素的神经元产生影响。下丘脑（hypothalamus）含有神经元，它们也能够向血液中分泌激素。

在全身体液平衡领域，激素分泌受神经胶质细胞的影响。神经胶质细胞作用于神经元，引起加压素（vasopressin）和催产素（oxytocin）释放到血液内，这些激素负责亲自调控全身体液。

星形胶质细胞还能够改变突触的形态。就像水对植物的作用一样，星形胶质细胞将雨水降落到神经元上促进它们生长。如果没有星形胶质细胞的话，神经元就会发育不良，因而产生的连接会减少。就像尘暴区沙漠荒野中干瘪的庄稼一样，神经元无精打采地呆坐在皮氏培养皿里，绝望而悲伤地活着。它们很可能正在哭泣。你对它们充满了同情。

然而，在它们旁边扔下几个星形胶质细胞，它们马上就精神了。之所以出现这一惊人的转变，是因为星形胶质细胞具有影响轴突生长的能力。星形胶质细胞还能够促使神经元形成更多的突触。进行培养时，神经元自身所形成的突触很少，而且都未发育成熟。星形胶质细胞为它们的长距离信息传递铺建道路。

2001 年，在法国斯特拉斯堡弗兰克·帕弗雷格（Frank W. Pfrieger）的实验室里，毛赫（Mauch）及其同事分离出了促进突触发生（synaptogensis）的分子。他们也没有预见到，他们能够发现这种对胆固醇（cholesterol）而言极其重要的分子。星形胶质细胞能够合成胆固醇，并将它们从细胞体中释放出来。

星形胶质细胞只要存在着，就会供养突触，其通过递质信号传导和生长因子（growth factor）来强化连接。研究还显示，神经胶质细胞具有清除突触的能力。显然，当某个突触不再被需要时，它就会像一条不再使用的铁轨一样被拆除。

如果神经元需要从星形胶质细胞那里得到如此精心的供养，它们怎么能隐藏在我们的动机和想法的背后呢？人类，作为一种在这个星球上寻找食物和生儿育女的动物，已经进化到有了对周边环境的某些控制力。不稳定的钙离子，对于所有组织细胞间信号传导均不可或缺的元素，或许只是无意间偶然的喷发物，使有机体得以迅速增长。钙以波的形式流动，是隐藏在神经胶质细胞背后的主要信号传导机制，神经胶质细胞这种细胞在大脑中的含量最高，而且随着进化阶梯向上延伸，这种细胞所占比率也会越来越高，它们以星形胶质细胞的形态在人类大脑中占有特殊的一席之地。

　　科学家们恰恰就是通过运用他们的星形胶质细胞来意识到——过去 100 年都在神经科学领域用神经元来命名每一样东西是多么愚蠢的一件事。

第 7 章　建立关系

想象一下，地球滑进了一个时空裂缝里，从另一端滑出来后，进入了一个完全不同的宇宙中。与此同时，恰好世界上所有的蓝莓树上都多长出了 1000% 的蓝莓。然而，这些蓝莓看起来很奇怪；它们身体上有生长迅速的手臂，伸展到灌木丛的上面和周围，它们正在控制着树枝。然后蓝莓树站起来、四处走动和说话，创建出一个蓝莓树的群落。现在，假设你是一名专门研究蓝莓树的植物学家，然后你想要杀死一棵蓝莓树，找出蓝莓树突然变得如此厉害的原因。你将会首先从哪里开始呢——枝条还是那些突然生长起来如今已经蔓延至四周并控制了所有枝条的为数众多外形怪异的蓝莓？

我们出生之前，像蓝莓树枝条一样的神经元体系（neuronal framework），就已经建立起来了。然后，从我们生下来开始，星形胶质细胞就像滚雪球一样迅速生长。不幸的是，神经元方面的研究一直占主导地位。

关于星形胶质细胞在子宫里、出生时以及幼儿时期是如何生长和发育的，我们可以从聚焦于神经元的研究中，收集到一些证据。神经元的长卷须从灰色的神经胶质细胞黏性物中用力地伸出来，在我们沉思、专注和聪明的星形胶质细胞的呼唤下传递高速信号，灵长类动物大脑的产前和产后发育，在我们出生时，就已经确定了。通过有限的感官，人类使用神经元从其周边环境中获取即时信息。只有在我们的调控力量——我们的星形胶质细胞的帮助下，我们才能够通过对感官信息进行加工，以此来超越我们的局限性。只有通过我们的神经胶质细胞，我们才能够对我们的存在有一个更高层面的理解。

大脑皮层是我们的高级思维在星形胶质细胞中进行加工的地方。虽然大部分研究都聚焦于神经元，但是在过去的30~40年间，对我们大脑皮层发育特点的更好理解已经在逐渐成形。第一批对大脑皮层发育过程进行研究的其中一个科学家，不是别人，正是我们的老朋友卡哈尔。卡哈尔对大脑皮层中的连接本质进行了推测，但依旧认为神经元发挥着最重要的作用。

在出生之前的大脑发育阶段，有一种叫作放射状胶质细胞（radial glia）的细胞从脑室液（ventricular fluid）中延伸出来。脑室像春季和夏季时的池塘一样坐落在我们的大脑里。所有的生长和活动都围绕着池塘而发生。就像蝌蚪长成青蛙一样，脑室这种液体池塘影响着细胞分裂（cell division）。细胞分裂紧挨着池塘发生，并以由内而外的方式从大脑向外扩展。由放射状胶质细胞分裂而来的细胞，可能成为大脑中的任何一种类型的细胞。神经元最先形成，就像建房子时，会首先把街道确定下来一样。

我们关于大脑细胞发展的丰富知识，大部分都来自于帕斯克·拉基奇（Pasko Rakic）和他的妻子派翠西亚·戈德曼（Patricia Goldman，1937—2003 年），他们都是耶鲁大学的发展神经生物学家。拉基奇在苏联集团（Soviet eastern bloc）中的南斯拉夫时，就开始了他的职业生涯。20 世纪 60 年代，拉基奇通过将放射性物质注射到猴子身上，得以密切关注灵长类动物大脑发展过程中的细胞形态学（cell morphology）和细胞谱系（cell lineage）。

放射状胶质细胞从大脑的中心向外延伸很长的距离，直到外皮层。如果你将脑室池想象为豪猪的身体，放射状胶质细胞就是它的刚毛。放射状胶质细胞在怀孕七周左右时出现，成为胚胎大脑萌芽和生长的一部分。放射状胶质细胞出现后不久，它们就开始在脑室处分裂。当放射状胶质细胞体沿着其从脑室中伸出来的又长又细的突起开始向上迁移时，细胞分裂的周期就开始了；豪猪的刚毛就像盲人用来探索周边环境的手杖一样，向外伸着。一旦细胞决定要分裂，随着它沿着豪猪的刚毛向下迁移回到脑室，它开始复制 DNA。然后，它就变成了两个细胞，其中一个细胞向上迁移回到其长长的放射状胶质细胞母亲那里，并变成了一个神经元。

从它引导其后裔在世界上找到自己位置这个意义上来讲，放射状胶质细胞也是一个母亲。此时，我们的大脑就是世界。当每一个新细胞沿着放射状胶质细胞向上迁移，到达其在宇宙中的新位置时，它就演变成了神经元。当神经元将信息从感官和发射端传送到运动神经时就创建了连接，而当卡哈尔在 19 世纪末绘制大脑皮层的地图时，就是以此为基础的。建立在神经元的可连接性基础之上，大脑皮层被分为 1~6 层。第 1 层接近大脑的外皮层；第 6 层则深入到大脑内部。

在发展过程中，第 6 层最先形成。在脑室附近，放射状胶质细胞延伸出短的突起，大量的细胞像种子一样被铺撒在那里。此时，胚胎浸在胚胎液（embryonic fluid）里，而脑室液几乎占据了花生般大小大脑的整个空间。

接下来的 100 天里，放射状胶质细胞进一步向脑外延伸。它们挤出已经形成的那些层，挤过其不断繁衍的神经元后代，到达即将成为大脑外部的那些地方。当最后一层形成之后（第 1 层，在大脑的最外面），像一张地图一样，大脑皮层的神经元支持平台就搭建好了。在孕期的第二个月，在细胞增殖的高峰期，据估计每分钟就有 200 000 个神经元产生。

当我们观察一个从脑壳中被移出来的大脑时，会看到我们独特的褶皱状皮层表面，而灵长类动物相较于其他动物的细胞增殖的爆发，被认为是其形成的原因。大鼠的大脑皮层没有褶皱，而仅仅是一个外护套，覆盖着大脑基底区。然而，人类大脑皮层折来折去，以便容纳大脑皮层中所有细胞体。这就好比将一个皱皱巴巴的毯子硬塞进一个特别小的盒子一样。如果你把毯子铺平的话，就装不下了，但是如果你把它叠上或者弄乱后往盒子里塞，它却恰好能够被装进去。人们之所以认为大脑皮层是处理高级思维的地方，其中一个原因是在我们独特的脑结构中，大脑皮层中有大量的细胞。

人类大脑皮层的厚度大约只有啮齿类动物的两倍。大部分哺乳动物的大脑都有来自于神经元的长长的白色的一条一条的轴突轨线，从感觉和运动皮层中延伸出来，或延伸至其中。但是，如果你将所有的皱褶都拉平，并把大脑皮层像烤板一样铺开，人类大脑皮层所占的面积大约是啮齿类动物的400~500倍。当然，如果考虑到大象大脑的尺寸，差距就没那么显著了。复杂的大脑皮层皱褶存在于鲸、大象和海豚中。据我们所知，大象最终解决了关于量子论的许多问题。虽然大象的大脑皮层面积可能会更大，但是人类大脑皮层中的胶质－神经元比要显著高于大象。

在神经元被放置到它们应该去的位置之后，孕期的最后三个月时间则用于创建大脑中的神经元连接。神经元像个毛毛虫一样爬上放射状胶质树，找到适合它的位置，然后伸出它的生长锥（growth cone）。生长锥像蛇头一样探索其周边环境，以便找到最好的位置用来建立一个连接。这通常在它碰到另一个神经元突起时发生。神经元的轴突和树突都延伸穿过生长锥。在它们的末端，都有小小的像头发一样的结构，帮助它们在周边的环境中穿行。从神经元细胞体中延伸出来的杆状物一旦伸出来，就会以递增的方式延伸。

当接触到下一个神经元时，它们就建立了一个连接，并开始为它们用来进行彼此通信的递质和受体奠定基础。

在子宫中，最初的递质表达就是一个"钙依赖"的过程。早在胚胎阶段，神经元中自发的"钙依赖"的电流变化，引起递质被表达，而这将在未来为神经元所用。如果钙水平被加大马力，会引起细胞中不同类型的递质被表达出来。这种精妙的经由钙脉冲实现的监管控制，与星形胶质细胞在大脑皮层中控制信息处理的钙波类似。

当其发生时，脑室周边的区域开始分裂中间神经元（interneuron）和少突胶质细胞。这些细胞的功能是供养之前生长成熟的神经元——中间神经元依附于其他神经元，而少突胶质细胞则负责在轴突周围包裹脂肪组织，以利于它们更好地导电。

在这一阶段，名义上被认为是无意识活动所在地的深层脑结构形成了。边缘系统（limbic system）和基底核（basal ganglia）得以固化。基底核负责运动神经元的效能，其在帕金森病中遭到了破坏。边缘系统处理我们基本的潜意识欲望（subconscious desires），如食物和性。它们都被大脑皮层所覆盖，就像包裹在折叠毯子中的婴儿一样。

在神经元体系建立好之后，我们的眼睛、嘴巴、鼻子后边和两耳之间的那个球状物中，就布满了大小街道和高速路，通过我们像尾巴一样的脊柱延伸至我们的四肢，它们已经做好了用我们的思想来进行填充的准备。在那些方便其获得感官信息以影响其钙波的地方，在那些感受生命的美好、思考它并沿着神经元线路通过长距离的快速通信将想法付诸行动的地方，星形胶质细胞开始在支撑它们的神经元附近生长和填补空缺职位。星形胶质细胞就是我们的思想。就在它们即将达到顶峰之时，我们呱呱坠地，充分装备好了来体验人生。

星形胶质细胞增殖在我们出生时发生。啮齿类动物的妊娠期为 3 周，神经元的形成高峰发生在胚胎期的第 2 周。星形胶质细胞在出生时或产后 2 天达到高峰。出生后，第二次的少突胶质细胞增长达到高峰。人类的时间表也是如此。当我们出生时，星形胶质细胞成为了神经元道路旁边的房屋。

星形胶质细胞在出生时激增，放射状胶质细胞也会停止分裂并自行转变为星形胶质细胞。它们那已延伸到一个完全实现了分层的大脑皮层边远区域的长长突起，会退缩回脑室。假设存在星形胶质细胞形态学的话，那它就像一个踩着高跷的人下到地面上并脱下其小丑装扮一样。我们一旦进入成年期，这些星形胶质细胞就会在脑室旁边定居下来。在我们的有生之年，它们能够持续分裂并产生出新细胞。

在大脑中，星形胶质细胞是生命存在的基础。它们漫无目的地随意自我复制、分化其后代，并给予我们尝试理解世界的能力。

当星形胶质细胞在其神经元道路旁边驻扎下来之后，突触发生开始了。突触连接已经建立了。然而，为了实现良好的通信，通过从球状物上生发出轴突和树突（就像花蕾一样），突触需要强壮起来。没有星形胶质细胞在那里告诉神经元做什么，神经元连接就毫无意义。令人遗憾的是，星形胶质细胞对突触发生的影响，还未得到足够的研究。然而，直到星形胶质细胞出现突触发生才开始很明显地说明这一点。有意思的是，过去15年的证据显示，在小儿唐氏综合征中，突触发生减少了。然而，关于星形胶质细胞在这种疾病突触发生减少上所起到的作用，还从未有人进行过研究。

大脑在出生前后急速增长，紧随其来的是脑壳的扩张时期。从出生到1岁，人类大脑的重量增长了一倍多。这很大程度上要归功于星形胶质细胞增殖。

细胞死亡（cell apoptosis）是发展过程中的普遍现象——它是用来描述屠杀无用细胞的一个词。在发展过程中，会产生过多的神经元。出生后，随着大脑的生长，数量惊人的突触联系也被建立了起来。然而，在残忍的种族大屠杀中，其他细胞发出了消灭多余细胞以便为它们自己腾地方的信号。最终，这些细胞被清除掉了。突触是如何被清除掉的，很大程度上还是未知的。然而很有可能的是，星形胶质细胞引起了突触的大量繁殖，然后就需要决定哪些是必需的，哪些是可弃掉的，就像中世纪时国王遴选女眷一样。

从妊娠期第 29 周到出生，我们的大脑增长了 160%。当我们出生时，我们的大脑为成人时大脑体积的 25%。到我们 6 岁的时候，我们的大脑达到了其在成年时体积的 90%。

组成了大脑白色物质区域的那些长长的神经元轴突，在出生后会在体积上有计划有步骤地逐步增大。少突胶质细胞分化之后，它们开始积极地围绕神经元包裹脂肪组织，并贯穿整个童年时期。大脑体积的逐步增大，很可能是由于白色物质的体积增加和包裹着轴突的脂肪组织引起的。人们知道，星形胶质细胞能够与少突胶质细胞通信，而且轴突强绝缘性的某些方面可能是受星形胶质细胞控制的。

虽然大脑体积增加会贯穿我们的整个童年发育期，但更有趣的是，大脑皮层是如何在体积上增大和减小的。出生后，大脑皮层增长发育约到 8 岁时为止。这期间，大脑开始变得系统且有组织性。成人大脑皮层的体积比 8 岁时要小很多。出生之后，神经胶质细胞到来并开始建造其自己，大约在 4 岁时，我们开始有记忆并开始做梦。如果神经元负责这些功能的话，我们岂不是应该在妊娠期最后三个月时就有记忆了？

有趣的是，大脑皮层不同区域的体积会在不同年龄达到其高峰。研究显示，从学龄前直到 6 ~ 9 岁，大脑皮层灰色物质在体积上增长了 13%。然后在进入成人期前，这一部分会缩减

5%。大脑额叶区的体积在 12 岁时达到了高峰。顶叶体积在约 11 岁时达到高峰。颞叶区体积在约 16 岁时达到高峰。在进入成人期之前，负责整合视觉的枕叶区会持续按比例线性增加。

研究认为，大脑皮层之所以会在进入成人期之后变薄，是由于过量突触接触的凋亡带来的。大脑皮层变薄也与 7 ~ 11 岁的儿童智商更高有关。这让人怀疑，童年时期的损失（智商测验中所需的专注力的发展）是否为一件好事。我们为了准备从事成人期的各项任务，摒弃掉了一些儿童独有的特质，即对专心做测试毫无兴趣和以最不受约束和创造性的方式思考。

对大脑皮层和成熟期的已有研究，仅仅使用了成像技术，并且没有在细胞层面进行过研究。研究星形胶质细胞在大脑皮层变薄过程中所起的作用，将会是一件很有趣的事情。虽然这看起来是一个突触固化的结果，但很有可能是，儿童比成人拥有更多的星形胶质细胞，星形胶质细胞数量增加带来的想象力和创造力无法得到控制，因此被牺牲掉了。然而，因为我们了解到在进入成人期之前，星形胶质细胞会持续增加，所以我们或许能够通过更多的学习和经验，来增加想象力和创造力的来源。更多的星形胶质细胞城市需要建起来，以便容纳新获取的信息和经验。星形胶质细胞越多，产生自发性钙泡——大脑皮层中能够激发一次（钙）波的自发钙释放的地方就越多。这能够成为人类想象力和创造力的根源。由于传播到星形胶质细胞的（钙）波已经在代表着信息，新的想法——以前从未被任何人想到过的想法就会在我们的头脑中产生。

正如我们已知的，儿童更容易产生想象力，而成人则能够更好地控制想法。这种仅接收信息，然后遵照其行动，而非花费更多的时间以想法的形式使用星形胶质细胞的神经元放电，能够胜过或者超越想象和创造的能力。

这种模式为成人提供了一条提升其智力水平的途径。在突触连接为神经元活动的需要而被重新组织之后，星形胶质细胞就能够再生和创造出一个对于钙波通信而言所必需的模式，以便有效影响它们的神经元支持网络。

有一件事情在发育过程中是确定无疑的：当给予大鼠更丰富的环境时，它们似乎能够更快学会穿越迷宫。据说，这被人们理解为，当小孩子能够接触到许多"丰富多样的"活动时，他们也就会有比较高的智力水平。该理论认为，大脑中存在的突触发生增加了，因而提高了智力水平。然而，有一点是显而易见的，即从儿童期到成人期，脑皮层中的突触发生和神经连接会减少，因而增多的突触发生不可能成为智力和知识的所在地。

我们已知，星形胶质细胞在我们的有生之年不断生长。在我们年轻时，它们长势强劲。其加速生长以及神经元的削减，或许是我们得以更深入思考的原因，并且在星形胶质细胞通信战胜差劲的反射性神经元通信中起到了决定性的作用。

诺贝尔奖获得者大卫·休伯尔（David Hubel）和托斯坦·维厄瑟尔（Torsten Wiesel）尝试回答如下问题，即我们周边的环境是否能够改变神经元线网结构（neuronal wiring）。在视觉皮层，穿过灰色物质的柱形物与我们视觉区域的不同点相对应。具体观察一下大脑的这一区域，休伯尔和维厄瑟尔能够确定经验对于神经元线网结构的影响。

他们用猴子和猫做实验，在它们出生时，就将它们的眼睛缝合住。对于一些动物，他们将它们的两只眼睛都缝合住，对于另外一些动物，则只缝合一只眼睛。四周之后，他们将一种染料注射进去，观察这些动物大脑中的神经元。对于那些两只眼睛都被缝合住的动物，当研究人员打开它们的眼睛，在不同时间点对其进行观察时发现，其看清事物的能力在不断下降。

然而，对于那些一只眼睛被缝合住的动物，被缝合住的那只眼睛皮质柱（cortical column）中的细胞没有得到正常发育，许多细胞甚至被清除掉了。观察发现，在那些未被清除掉的细胞里，细胞体较小，并且突触连接虚弱无力。对比之下，那只好眼睛所对应的皮质柱，比其在正常情况下的发育要强健得多。

这些实验被当作唐纳德·赫布的神经可塑性理论的证据——即更复杂精妙的神经元连接是主动学习的结果。然而，在这些实验当中，根本没有对神经胶质细胞做过任何研究。神经胶质细胞在出生时爆发式增长，而且在其爆发区其数量要多于神经元。神经胶质细胞生长受阻最有可能导致突触发生的缺乏和神经元死亡。

然而，在进行那些实验时，研究人员并不认为神经胶质细胞有多重要，也不知道神经胶质细胞会彼此通信，而且还会与神经元进行通信。很有可能在出生时，当神经胶质细胞在该区域生长时，它们在该区域没有发现任何来自于眼睛感官经验的可以觉察到的神经元放电。只有在那些能够接收到感官输入的地方，神经胶质细胞才会生长。核磁共振（MRI）研究证实，对于那些生来耳聋的人而言，正常人留作听力之用的大脑皮层区域，会被他们用来执行视觉任务。这种理论认为，由于这个区域没有被听觉所使用，大脑便决定在解析其他感觉（如视觉）时，使用该区域。

受到脑损伤的儿童，其神经细胞也能够"重新连线"（rewire），而且有时候他们能够通过激活其他脑区和修复已经遭到破坏的脑区，使他们某些已经丧失的语言能力得以恢复。相比成人，大脑使用非常规区域执行任务的情况，更常发生在儿童身上。儿童的大脑还有一个出人意料的能力，就是修复受损的脑区域。

神经可塑性，很可能就是神经胶质细胞增长现象。大脑中更多星形胶质细胞的增长和活动，能够取得对丧失功能或遭到破坏区域的控制权，并切实地修复这些区域，这可以解释为什么儿童能够恢复之前那些已丧失的功能。

受行为影响的增长中的星形胶质细胞，在神经元支持框架的区域内，如爆米花一样爆开。随着神经元在神经胶质细胞处理中心之间发送和接收信息，星形胶质细胞持续增长。神经胶质细胞为了自己的需要而生产出神经元，并且只有在神经元具有为它们感受周围环境的能力之后，它们才会分裂。神经胶质细胞像个楔子一样挤在神经元的感觉和行动之间，并在我们呱呱坠地之时激烈爆发。

第 8 章　时间机器

　　并非所有动物都是完美的，蟾蜍就很笨拙。它们在草地上笨重地跳来跳去，像极了烦人的接线员在玩着跳房子游戏。10年来，当我第一次在艾奥瓦州的院子里修剪草坪时，青草和花粉的味道像 10 吨重物一样冲击着我的大脑。还有几只蟾蜍从割草机旁仓皇而逃，拼命地想要躲开轰隆隆的震动，活像战争片中士兵们惊慌地从坦克上爬下来逃跑的样子。它们跌跌撞撞的憨样勾起了我另外一段笨手笨脚的回忆。那是在感恩节的第二天，空气清新，两座山崖间流淌着一条小溪，小溪旁边有一条水沟，当时我正沿着水沟走，看到一只沙丘鹤从空中飞来。它眼角的余光也瞥到了我，一双翅膀静静地扇动着。此刻喧闹的鸟儿大部队已经飞往南方了，水沟四周非常安静；松鼠们坐在树上吃着坚果，只有那只沙丘鹤和我处于寒气之中。它看到我很惊讶，就像我看到它很惊讶一样。我目不转睛地看着它气喘吁吁地往前飞，它也一直盯着我，大概只是对我充满怀疑。当它从我头顶飞过时，仍然紧盯着我，少了最初的害怕，更多的是在炫耀自己的本领，结果连前面有根树枝都没发现，直接撞了上去。树枝被撞断掉下去了，它自己也摔倒了，重重地落到下面的树枝上才稳住了自己。我大笑起来，笑声在两边的山崖之间回响，久久飘荡在小溪边上。那只可怜的鸟缩成了一团，非常尴尬，还有一丝恼羞成怒，它不明白这有什么好笑的。

　　脑子里想着这件事的时候我割掉了一些蘑菇，继而想起来了我那个用三根线绳固定住的假的塑料羊肚菌，我想试着用它们当诱饵捕捉后院里、干草地上、树木茂密的山崖上、玉米地里的蟾蜍，但事情并未如我愿。那时我坚信蟾蜍是待在蘑菇上的，而且像上了瘾似的有一种内在的欲望驱动它们到处搜寻蘑菇。它们想要坐在蘑菇上，它们一定要坐在蘑菇上，这样我就可以用我的塑料蘑菇来捕一只蟾蜍当宠物。显然，这一招并未生效，不过我倒是真在院子里找到了一只蟾蜍。

　　现实中的清香味和记忆中的往事交织在一起，促使我想起了所有的事情，从玩威浮球时闻到的有点像塑料味的香气，到坐在香味扑鼻的柳条上荡秋千，全都想起来了，那时因为常常打威浮球，所以自然而然在院子里磨出来一个充满麝香味的泥土棒球场。塑料又让我想起在泥土地里玩乐高——搭建城市和公路，还有木料场、加油站、印刷厂、工厂、农场、拖拉机、汽车。城市会从二垒穿过投球区延伸到本垒。如果球越过了邻居的晾衣绳，就算投中。我还想起每个礼拜割草所经过的路。现在院子里的树已经长高了好多（打威浮球是不再可能了），而且居然故意种了一些新树，跟我的割草路线混在一起。

割完草，我需要跑几趟腿去办一些杂事，途中看到的景象、听到的声音、闻到的气味也让我思潮滚滚：小溪支流上的吸泥鸟、小河边山坡上有三个小孩在玩红绿灯游戏。

记忆完全是个人经历。有些人了解一些关于普遍记忆的事情，但我只了解我自己的记忆，只知道我自己的感受和表现。而且有时我会选择性地忘掉一些我想忘记的事情，或润色修饰某些事情，使其看起来更加深刻一些。这就是为什么有些故事在流传的过程中会变样。当我们记忆一些事情时，会添加自己感受进去，这是我们在与过去建立联系。假如马丁·麦克弗莱（Marty McFly）驾着他的德洛里安（Delorian）时光飞车回到自己的大脑里，那么他看到的那个离奇的过去将会是不完整的，到处都是空洞、幻觉、不协调，把它们融合在一起才能理解过去的一次经历，才能更好地理解当前该怎样生活。

关于童年，每个人都有自己独一无二且非常强烈的感受；在 15 ～ 20 年的时间里，我从来没想过红绿灯游戏是怎么玩的，直到前几天看到几个小孩在玩这个游戏。三到六年级是人生中一段很美好的时光，这个年龄段的孩子喜欢玩红绿灯游戏。那时我们已经很成熟了，开始谈论生命的精彩，但还没有成熟到每次谈话都要诉说生命之沉重。这个阶段，人的大脑皮层是最大的，它已达到生长的顶峰，时间开始慢下来，大脑开始舍弃一些没用的细胞。很久以来，大脑科学家都在尝试着探索记忆的生物科学基础。现代术语学始于小说家亨利·詹姆斯（Henry James）的兄弟威廉·詹姆斯（William James），1890年，他创造出了"可塑性"一词。可塑性是指我们的学习和记忆能力能够弯曲却又不会断裂的现象。我们可以学习足够多的知识来改变记忆，但却不至于与过去的记忆断裂开。

人类很早就知道怎样提高记忆了。古希腊和古罗马时代研究的记忆术是通过重复和置入情境的方式，让人更轻松地记住某事，达到强化记忆的目的。例如，我们在记忆一连串词时，所用到的首字母缩略法就是一种很经典的方法。所有音乐家都明白"每个男孩都做得很好"（every good boy does fine）的含义，我几个来自明尼苏达州的表亲通过"白痴出去走动"（idiots out walking around）这个（在作者看来）愚蠢的短句来记忆艾奥瓦州（Iowa）的拼写。

与大脑科学的其他方面相比，记忆的生物学基础发展比较落后，因为要弄明白一个不断变化并且难以捉摸的过程非常困难。有关记忆的第一个实验实际上是基于心理学的。获得过医学学位的德国哲学家赫尔曼·艾宾浩斯（Hermann Ebbinghaus）不辞辛劳地制作出一张词语表，并试图熟记，此表共由2 500个毫无意义的词语组成，比如REN、KUR。1885年，在名为《记忆：对实验心理学的贡献》(*Memory: A Contribution to Experimental Psychology*) 这本书里，艾宾浩斯发表了几个数值图标，描述他是如何获得记忆的，诸如"遗忘率"以及要强化记忆需要重复多少次等。他发现有些记忆只是暂时性的，很快就会忘记，而有些记忆是长期的。艾宾浩斯提供了第一个区分长时记忆和短时记忆的证据。

詹姆斯和艾宾浩斯阐述了长时记忆和短时记忆，艾宾浩斯是一位获得过医学学位的哲学家。在詹姆斯写于 1890 年的若干本书中，他在其第一本心理学教科书中引用了艾宾浩斯的观点。短时记忆发生在当下，就好像珍妮刚说完她的电话号码你会马上记住，或者客人点完酒，调酒师会一直记得，直到他调好拿给客人。长时记忆很强烈也很有意义，以至于我们一生都会以某种形式记住它。

7±2 规则已经成为心理学研究的主要线索。它表示人在短期内可以立即复述 7 个（允许有上下 2 个误差）目标体，然后很快就忘掉了。心理学研究已经选定了这个数字，而且通过将目标归类，可以在 7±2 规则的数量上有所增加。比如，假如你有很好的短时记忆能力，就可能记住 NTUAGBOSP 这 9 个字母。但如果你记不住 9 个，只能记住 7 个，那就最好将这些字母依照你现有词汇量进行归类，比方说拆分成 GUN、PAT、SOB。这样，你只需要记住三样东西就行了，还可以腾出空间来记第四样东西，然后就可以记住更多字母了。

人们认为自从有书面语以来，就开始有了对记忆的思考。大家一直认为我们同时拥有短时记忆能力和长时记忆能力：一个是对现状不断认知的能力，另一个是进入时光隧道、了解过去的能力。

随着人们按照现代科学术语对记忆的心理学概念进行归类，整个 19 世纪到 20 世纪初都很少有人从生物学角度研究记忆。自从法国解剖学家皮埃尔·佛罗伦斯（Pierre Fluorens）确定发现记忆存在于大脑皮层之后，大家都一直这么认为。后来，德国古斯塔夫·弗里奇和爱德华·希齐希的研究发现，高级思想和信息储存都发生在大脑皮层，研究人员还发现人类的记忆能力和信息储存能力超过了其他动物（我们就是这么认为的），人类的大脑皮层要比其他动物更大、更复杂。

20 世纪 20 年代，哈佛大学心理学家卡尔·拉什利（Karl Lashley，1890—1958 年）在大脑皮层中寻找记忆的栖息地时，训练老鼠走迷宫，然后去除掉老鼠大脑皮层的一部分。他发现，不管去除哪一部分，老鼠照样能学习。不过，如果大量去除大脑皮层，就会给老鼠造成困扰。想要弄明白记忆的所在地究竟在哪里的卡尔开始气馁了，言不由衷地写道："审视着这些证据……学习其实是不可能的。"以及"尽管有反面证据，但有时候学习确实会发生。"大脑皮层中难以捉摸的信息储存功能，说明了钙波通信的易变特性。

同一时期，俄国的伊万·巴甫洛夫（Ivan Pavlov，1849—

1936 年）用他的狗展示出记忆是活动的。每个养狗的人都知道，狗看到食物时会流口水，巴甫洛夫每次给狗喂食都会摇铃铛，很快他的狗只要听到铃声就开始流口水了。对于人为操控和心理学家来说，这种联想式学习具有普遍意义。这种条件反射性的学习很可能存在于神经元领域——超越星形胶质细胞处理，引发无意识的运动反射。但是，令拉什利懊恼的是，从生物学角度讲，这丝毫解释不了记忆发生在哪里。

后来，在 20 世纪 50 年代，怀尔德·彭菲尔德对清醒患者脑中电脉冲的研究取得了一定进展，在此基础上，麦吉尔大学的成员尝试着通过去除一部分大脑的办法来根除癫痫。最终，他们成功地去除了神经元轨道，即胼胝体，它连接着大脑的左右半球。他们在很多方面失败了，然而，有一项失败如果对患者来说不是个噩耗的话，反而具有一定的科学价值。这个患者在科学文献里总是被称作 H.M.。他们移除掉他大脑的底部和侧面的一部分，大概在太阳穴部位，并蜿蜒延伸到大脑底部深处。大脑的这个区域叫作海马体。

海马体是连接皮层下和皮层组织结构的通道。hippocampus 在希腊语里指海马（seahorse），从剖面图上看（见图 8–1），它的形状确实有点像海马。它卷起来，像从侧面看的拳头。信息从大脑的基底部分进入，然后出来到达大脑皮层。

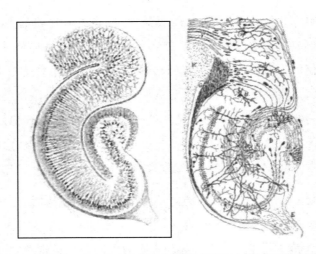

图 8—1 高尔基（左）和卡哈尔（右）看到并画下来的海马体剖面图

将海马体以及与其相邻的大脑皮层部分（由于酷似犀牛角，而被称作内嗅皮质）去掉后，H.M. 彻底失去了学习能力。他甚至无法暂时性地记住任何东西。他学的东西，过不了几分钟，就会被全部忘掉。这种奇怪的现象像极了阿尔茨海默病，只是不痴呆而已。手术前他可以清清楚楚地记起很久以前的事情，但手术后却记不住任何事情，因为任何事情都没有留下烙印。如果信息是光粒子，那么他的大脑就是一个黑洞。

神奇的是，H.M. 可以日复一日地学习并提高画画和弹钢琴的技能，他的物理记忆并没有被损坏，他的智商并没有因为失去海马体而受到影响，他只是记不住现实中的任何新现象了。

谢林顿发现了突触，并创造了突触这个词，他是第一个从细胞层面描述学习和记忆的人。他证实了卡哈尔的看法，即大脑中的神经元是彼此分离的，并且将大脑的学习和记忆比作一个魔法织布机，像一个织线的网，可以随意去除、更换、添加新线。他猜想这台织布机只是消极地按照神经元的操作进行纺织，由我们所处的环境挑选线并决定线的强度。

当然，在卡哈尔学派研究神经元学说的过程中，你会发现卡哈尔率先提出了突触在学习发生时会被强化的说法。这一哲学思想源自这样的认识，即研究发现，随着年龄的增长，人的突触会变少。就像卡哈尔诸多精辟的理念一样，从 20 世纪早期至今，研究人员们一直在满腔热情地尝试确定这一哲学思想的真实性。

这一思想和唐纳德·赫布的"突触发生"思想一起形成关于学习和记忆的两个对立的生物阵营。有一种可能性这些思想完全没有考虑到，那就是神经胶质细胞在人类思想最重要的程序中发挥一定的作用，从智力到治愈老年痴呆，其都具有很广泛的意义。

唐纳德·赫布认为，当学习发生时突触会长出分支，长期以来人们认为他的这一理论和卡哈尔的理论都是正确的。现在已经将这两种理论结合到一起来证明，突触发生即突触力量如何产生。埃里克·坎德尔（Eric Kandel）和他的同事们利用呆滞的海洋动物海兔（aplysia）验证了这个理论。海兔坐在海底，通过一系列的感觉神经对受到的刺激做出反应。坎德尔做的实验很全面，并严格专注于简单动物神经元的反应上。他们发现随着动物的逐渐习惯，再刺激感觉神经元时突触力量会减小。

电影《福禄双霸天》（*The Blues Brothers*）中的故事能帮助我们更好地理解这一点。杰克（Jake）出狱后第一次来到艾伍德（Elwood）在芝加哥的住所，那里紧挨着高架铁道。每次火车通过时，整个公寓就像被装在一个盒子里一样使劲摇晃，咯吱咯吱响个不停。杰克四处环顾，问："每隔多长时间过一辆火车？"艾伍德的回答是："太频繁了，以至于感觉不到。"

艾伍德的说法其实就是习惯化（habituation）的定义。当我们让神经元重复地（习惯性地）放电时，神经元的递质释放会减少。如果从神经胶质细胞的角度考虑，过量的递质释放会被带到周围的星形胶质细胞。然后星形胶质细胞发出的钙波会遍布这个区域。然而，习惯性地放电，很可能就是在发射从星形胶质细胞返回到神经元的信号，收到这个信号，神经元就会减少放电。

坎德尔描述的另外一种细胞层面上的学习形式叫作敏感化（sensitization），是由正常刺激和有害刺激联合起来、产生更强烈的突触而引起的。例如，正当你阅读到这里时小腿突然被踢了一下，那么下次你再读到这个章节时胃可能就会感到不舒服。

当人们联想到肯尼迪被刺、挑战者号航天飞机失事，或2001年"9·11"事件时，也会引起敏感化的学习，人们能清楚地记起当这些事件发生时自己在哪里。敏感化引起的突触力量增加也是神经递质释放增加的结果。

关于习惯性和敏感化现象发生过程中神经胶质细胞的功能，还没有人对其进行研究。根据赫布的描述，突触发生有赖于神经胶质细胞。突触递质释放的增加或不足，也可能是神经胶质细胞功能的结果。神经胶质细胞处理过量的递质释放（从"小腿被踢"这件事得到的感官输入）后，神经胶质细胞不允许神经元变得习惯化。相反，当同样的事情再次发生时，神经胶质细胞会让神经元继续释放大量的递质，以此让人有所准备。所有相关的刺激也都会准备好。神经胶质细胞中心知道不再需要处理了，并打开神经元的闸门。

然而，20 世纪 60 年代后期，由约瑟夫·阿特曼（Joseph Altman）带头，在普渡大学开创了一个关于记忆的新的研究方向，这个记忆指的是"成年神经发生"领域的记忆研究。关于学习，卡哈尔坚信发育完成后，细胞生长就会停止，一直到我们去世，大脑都维持同一个状态。他提出的突触力量增长的概念，符合他关于思想由神经元主导的理论，也留下余地做细微的调整，以便兼容学习和记忆的明显现象。

没有经过严谨的考察，阿特曼就摒弃了一个众多学者认为理所应当的事实。很明显，他的研究遇到了强大的阻力。人们完全忽视了他的实验。没有人愿意去思考一个声称成年老鼠也会分裂出新细胞的实验，更别说学习会增加细胞分裂的说法了。

阿特曼用老鼠做实验，为它们注射放射性胸苷的同时让它们执行学习任务。胸苷可以自动嵌入到正处在分裂过程中的细胞 DNA 中。当把大脑取出来、切片、用胸苷染色后，研究人员可以看出哪里的细胞正在分裂。阿特曼发现在紧张学习一段时间后，海马体中的细胞分裂会增加，并且其中一些细胞形成了神经元。

现在大家都知道，成年后海马体中最初分裂的细胞就是星形胶质细胞。

1973 年，阿特曼的研究被蒂莫西·布利斯（Tim Bliss）和泰耶·勒莫（Terje Lømo）发现的长程增强作用（LTP）所埋没。LTP 是对突触强度增加显示电性的一种想象的说法。他们让老鼠完成迷宫学习后，把老鼠的海马体取出，可以从电生理学上确定，经过学习的老鼠的海马体中，神经元放电所需的刺激会更少。通过学习，神经元已经有所准备，变敏感了，放电所需的门槛降低了，就好比一个人只需要对着手枪的扳机吹口气就能让其开火一样。

至今，LTP 仍被广泛地研究，但这个概念只是从电学上确认了突触强度理论，它由卡哈尔、谢林顿、赫布提出并由坎德尔从分子构成上证实。LTP 概念引起的关注程度超乎想象，感觉就像是有一个人说车轮是圆的，结果被当作新闻上了头条。LTP 还有待于在人类身上验证。

阿特曼的研究被人遗忘了 20 年，直到阿图罗·阿尔瓦雷斯－拜拉（Arturo Alvarez–Buylla）和费尔南多·诺特博姆

（Fernando Nottebohm）证实成年鸣禽学唱新歌时会有细胞产生，才使人们再次关注这个领域。现在我们知道人类在人生长河中一直可以再生出新细胞，成年人所有再生的新细胞都是星形胶质细胞。阿图罗和他的同事总结时表示，再生细胞并不是神经元。它们具有神经元的特点，更新时会生产出更多的星形胶质细胞，只是偶尔生产出一个神经元。言下之意就是说，学习和记忆过程中细胞成长时，星形胶质细胞就是信息的落脚处，目前这一理论越来越聚人气。

整个成年期，大脑中的星形胶质细胞都在不断地分裂。当我们学习时，它们会加快分裂。在海马体里，星形胶质细胞偶尔会变成神经元，就像一个城市向郊区扩张，然后市政委会决定修建一条新的高速公路一样，星形胶质细胞决定生成一个新的神经元。

20 世纪 90 年代，佛瑞德·盖奇（Fred Gage）和他在圣地亚哥索尔克研究所的同事们证实，人类的海马体中会发生细胞分裂；其他实验室则表示，人体中发生分裂的细胞是星形胶质细胞。

当讨论思想时，我们必须明白学习不等于智力；教育能够提高智力，这一点可以利用标准化测试进行判断，但多数人都同意智力并不依赖于教育的说法。一个三年级的人可以比大学毕业生的思考水平更高。无论是人体解剖学的事实还是人体语言的细微差别，这都是个有关运用大脑、学习许多东西并学以致用的问题。对于这一过程，星形胶质细胞的细胞生长是必不可少的。

神经胶质细胞通信方式的特性表明，它们能促成大脑皮层的记忆。赫布提出，大面积分布在大脑皮层的细胞组合起来共同将信息展现出来。他认为这发生在神经元上，但现在的解释认为这是神经胶质细胞的势力范围。一个神经胶质细胞中心能进入到神经元中并进行长途旅行，且星形胶质细胞控制着大脑皮层所有的区室。唯一可以去除大脑皮层记忆的办法，是限制谷氨酸再摄取——一个由星形胶质细胞控制的功能。

突触增强、LTP、突触发生也都依赖于星形胶质细胞。星形胶质细胞促进海马体产生新的神经元、将短期记忆变成长期记忆的说法也能讲得通。没有细胞的成功分裂和神经元通道的铺设，信息就不能传播到大脑皮层并储存在星形胶质细胞里。如果一个人想要从艾奥瓦州去波士顿，但是却没有一条能够到达波士顿的通道，那么他只能待在艾奥瓦州。

你的鼻子、耳朵、眼睛都在向大脑皮层和海马体传递信息。这些快速通道就是星形胶质细胞了解周遭环境的交通工具。海马体就是发电机。像站在桌前的警卫，他决定你是否可以进入到一栋房子里，刺激必须带有适合的 ID，否则就只能是短期的，会很快被遗忘，就像发生在 H.M. 或海马体受到损伤的阿尔茨海默病患者身上的那样。在这种情况下，房子的大门紧锁着，什么都进不去。有关星形胶质细胞更深入的研究，能解释为什么会这样。

艾宾浩斯关于记忆的实验里有一点很有意思——他发现睡一觉后，他能比平时记住更多毫无意义的词语。与学习完不睡觉、立刻尝试着回忆相对比，学完马上睡一觉会让所学的东西被记得更牢固。他认为这一点没什么意义，他没有使用随机的极度无意义的词语，也并没有认为睡觉有助于记忆。目前，更加详细的研究显示，睡觉确实有助于保留记忆，有可能我们睡觉时神经胶质细胞更加活跃、再生能力更强，就像睡觉时指甲和头发长得更快一样。信息存储很可能就居住在大脑皮层的星形胶质细胞里。通过长距离神经元通信与神经胶质细胞钙波的结合，信息进入到了大脑皮层里。

关于记忆，古罗马诗人西赛罗（Cicero）有一个经典的故事，是关于古希腊诗人西摩尼得斯（Simonides）的。出于对其记忆力的崇拜，西摩尼得斯被邀请去参加宴会，为有钱的主人颂诗。那个时代的诗人总是对孪生神兄弟卡斯托尔（Castor）和波吕克斯（Pollux）充满敬意，人们认为双子座就是他们组成的。而宴会主人因为西摩尼得斯的诗不是敬献给自己的而不高兴，所以付钱时只给了西摩尼得斯应得酬劳的一半，还说会把另一半钱付给双子座兄弟。不一会儿有人传话给西摩尼得斯说外面有两个人要见他，当他出去以后，宴会大厅突然倒塌了，厅内所有人都被砸死了，面目全非。那两个人就是卡斯托尔和波吕克斯兄弟，是他们把西摩尼得斯引到了一个安全的地方，而且除了应得的酬劳外还多给了他一些钱。当遇难者家属要辨

认尸体时，利用联想屋内其他结构的方法，西摩尼得斯能够准确地记起每个人的座位。

西摩尼得斯可以更有效地运用自己的海马体建立新的记忆（通常是在短期记忆领域）、将信息储存到他的大脑皮层里。但是研究人员们仍然无法理解大脑皮层是怎样容纳信息的。随着星形胶质细胞研究的进展，我们很快就会获得这方面的知识。

我们知道星形胶质细胞会在海马体中分裂并再生。如果需要，它们能转化成神经元。可以看出，不是神经元，而是星形胶质细胞能够在大脑皮层里分裂并生长，这就为可能的新信息储存提供了一个非常有趣的方法——即西摩尼得斯可以记住宴会座位图的方法。

第 9 章　唱首新歌

　　以前人们一直认为，从我们出生到青年期，大脑的生长都像亚马逊丛林一样茂密繁盛，但紧接着大脑就进入了一个持续衰败的过程。就好像雨停了，全球开始变暖，风越来越大，丛林因此开始瓦解，然后悲惨地变成一片沙漠荒地和石化森林。卡哈尔证实神经元学说后，人们会有这种原始的认识的原因显而易见。我们的大脑确实会随着年龄的增长而缩小，尤其是大脑皮层，但人们认为那整片丛林是有足够空间来容纳一生经历的。

　　然而，新的神经胶质细胞研究显示，大脑并不像原来认识的那样。在人的一生中它更像是一片有生命的丛林——新树会取代死去的老树，不断有新种子播撒到适合新生物生长的地方，虽然土地面积有限，但生长是永恒的。20 世纪所犯的一个最大的错误，就是认为大脑在童年时期发育完成后就保持不变的状态，一直到我们去世。我们的神经元被建立起来，建立着连接，而且这些连接是永久的，就像是为了纪念我们的记忆而建的一座雕像，一动不动地矗立在那里，饱经风吹雨打，渐渐被侵蚀直至崩溃瓦解，最后被尘土掩埋。

通过费尔南多·诺特博姆和阿图罗·阿尔瓦雷斯－拜拉在洛克菲勒大学的研究工作，如今我们知道，事实并不是这样的。20 世纪 80 年代中期，诺特博姆对金丝雀的研究推翻了大脑在脑袋里一成不变的说法。20 世纪 70 年代初，他绘出了金丝雀大脑中负责唱歌的区域。他的研究从喉部开始延伸至大脑内部，诺特博姆准确地找出了大脑中负责唱歌的细胞。诺特博姆和其他人都知道金丝雀一生都可以学唱新歌。而当这个区域被破坏掉后，金丝雀就会失去唱歌的能力。诺特博姆和他的学生阿尔瓦雷斯－拜拉深入地观察了经过学习后金丝雀大脑中细胞分裂的情况。

他们的发现很让人震惊。以前人们认为只有鱼和两栖动物的大脑在成年后仍具备再生功能。诺特博姆先教会金丝雀唱些新歌，然后在它们死后的不同时间点取出大脑，他发现负责编码和学习新歌的端脑细胞核变大了。而对于那些没学唱新歌的金丝雀，大脑这个位置中的细胞核却没有增大。这个区域的密度变了——大脑酷似一个塞满了的手提箱，原来里面只有一条裤子，又塞进去三件 T 恤后箱子就饱满起来了，但箱子的空间还是原来那么大。

对于发育中的金丝雀，诺特博姆预料到了这种结果，但让他没想到的是成年的金丝雀学习新歌后也会出现这种结果。这样鸟类被正式添加到成年后也可以制造新神经元的动物列表里，成为列表上第一种纯粹的陆栖动物。诺特博姆和阿尔瓦雷斯－拜拉利用约瑟夫·阿特曼的放射性胸苷模型来了解细胞分裂。他们猜测如果端脑中有更多的神经元，很可能是因为该位置有更多的细胞分裂。

他们在大脑的脑室附近发现了细胞分裂热点——这个位置也是我们发育过程中细胞增殖的位置。当金丝雀学习新歌时这个位置的细胞爆发性地分裂，就跟音乐家突发创作灵感一样。但是我们人类有自己创作歌曲的能力，而鸟类只能模仿。

成年的大脑在不断变化，这很可能是细胞分裂的结果。如今，赫布、卡哈尔、LTP 以及所有有关突触发生和突触强度的理论，似乎都变成了新细胞生成过程中的副产品。

20 世纪 80 年代早期，一项研究细胞分裂的新技术问世。5-溴脱氧尿苷（5-bromodeoxyuridine），简称尿苷（BrdU），可以注射到血液中。在血液中，尿苷可以被准确着色。尿苷工作方式与胸苷类似，注射时融入到正在分裂的细胞的 DNA 里。把这种方法与荧光显微镜和共焦显微镜（能够利用组织切片对细胞进行三维观测，以确定神经元和神经胶质细胞的染色是否与细胞分裂的染色相匹配）结合起来，可以彻底去除不必要的、容易引起混淆的背景沾染，也就能更准确地判断细胞的种类和实际的细胞分裂。

阿尔瓦雷斯－拜拉发现神经元在生成，但是速度要比非神经元细胞慢很多。生成神经元的事实再次巩固了"成体神经发生（adult neurogenesis）"的说法。诺特博姆和阿尔瓦雷斯－拜拉指出，鸟类大脑里分裂中的细胞可以变成神经元，但是新兴研究表明，哺乳动物同样部位里分裂中的细胞最终的命运是变成神经胶质细胞。如果说新细胞主要是神经胶质细胞，那么我们这个研究领域并不会对这一说法产生兴趣，因为这个领域一直在追逐新神经元的背影。

他们的发现与阿特曼的发现相似，只是采用了更先进的技术。在学习过程中，成年动物形成了新神经元和新神经胶质细胞。20 世纪 80 年代后期，人们接受了这个说法，但大家相信这仅仅发生在某些与学习相关的区域，而且有可能不适用于人类。根据已被接受了的理论，音乐家必须用已有的神经元进行创作。为了进一步了解人类的情况，阿尔瓦雷斯－拜拉决定更加深入地研究哺乳动物。

20 世纪 90 年代，阿图罗在加州大学旧金山分校工作，他把对金丝雀的研究拓展至老鼠。通过阿特曼的研究大家知道，在海马体里和脑室附近，细胞分裂的结果就是生成神经元。通过使用尿苷，阿尔瓦雷斯－拜拉将研究集中在脑室附近。这个区域也很有趣，因为发育过程中形成新神经元和新神经胶质细胞的也是这个区域，成年金丝雀学唱歌用到的也是这个区域的神经元。阿尔瓦雷斯－拜拉感兴趣的是，哪种细胞会分裂以及它的去向如何。

阿尔瓦雷斯－拜拉的研究超越了阿特曼。阿特曼只注意到成年啮齿动物能生成新细胞，并且有少数细胞会变成神经元。在洛克菲勒大学诺特博姆的实验室里，他们发现金丝雀学唱新歌时，脑室附近的细胞会发生分裂。在老鼠身上，他发现生成的新细胞会顺着一个通道抵达嗅球，嗅球位于鼻子后面，在大脑中像两个弹球一样突出来。老鼠的主要感觉是嗅觉，所以老鼠大脑中嗅球所占的比例远远超过人类大脑中嗅球所占的比例。

利用尿苷，阿尔瓦雷斯－拜拉实验室可以在新细胞从脑室转移到嗅球的过程中追踪它们。像体育课上孩子们爬绳子一样，细胞会爬上纤维。迁移流（the migratory stream，这个词是阿特曼的原创）就是一个大通道，它像密西西比河贯穿美国中部一样，是条干流，携带着新细胞涌向老鼠大脑中最重要的感觉区域。就像鱼游到上游产卵后顺流而下，细胞在大脑中也是来回游荡。大脑的细胞分裂活动一直到成年后都在继续，这种积极的活动状态具有非常大的启示意义。

因为老鼠很大程度上依靠嗅觉来确定环境，所以嗅球是不断变化的，而且需要有新的神经元来铺设通往神经胶质细胞的道路，以便了解环境。我们的嗅觉会捕捉飘散在风中的分子。就像视觉捕捉光离子、听觉捕捉振动一样，嗅觉捕捉分子。就像普通森林和热带雨林会在雨后或大火后疯狂生长一样，大量的新细胞出现，或者取代死去的细胞，或者加入到工作中的细胞行列共同分析捕捉到的分子。老鼠大脑中分裂的细胞会有一部分转移到嗅球，并变成神经元。用来闻气味的新神经元也与记忆有关——闻气味可以把我们与过去联系起来，就像回忆怎样计算 2+2 一样，会有东西经过海马体。

20 世纪 90 年代，阿尔瓦雷斯－拜拉和同事们想完成的下一件事情是，尝试找出哪种细胞会分裂。除了尿苷，他们还在许多不同的细胞种类上使用了其他标记，他们发现在脑室处分裂的细胞呈现出星形胶质细胞的特点。很快地，大家就明白海马体中分裂的细胞也是星形胶质细胞。

如今，科学家们都知道，星形胶质细胞在脑室处快速分裂。它们持续再生，像兔子一样快速繁殖。其中一些在必要时变身成为神经元的前身。在此过程中，这些细胞会迁移出来，到达嗅球或大脑其他深层部位，变成神经元，然后神经元在反射感官和主管高级思考的大脑皮层之间架起一条通道。

新的研究人员知道，海马体和嗅球都会持续产出新的神经胶质细胞。而且这两个区域都是学习持续发生的地方。但是，所有的研究都是针对老鼠和鸟类的。下一步要将这个研究延伸到人类。

20 世纪 90 年代后期，盖奇和他的同事们在人死后为其注射尿苷，然后对海马体进行研究，同样发现了新细胞分裂，但他的关注点不是神经胶质细胞，而是神经元，他发现了少量的神经发生现象。以神经元为主导的卡哈尔理论最终相信，成年大脑在整个生命过程中都能够产生新细胞。然而，相比神经元，大量产生的神经胶质细胞却被忽略了。

2003 年，阿尔瓦雷斯－拜拉实验室发表有关在人脑中注射尿苷的论文。他可以确定人类脑室旁边的区域与老鼠有些微不同，分裂中的细胞和脑室壁之间有另外一个空间。成人同样发生细胞分裂，而且分裂的细胞是星形胶质细胞。但他未能发现通往嗅球的迁移流。人脑中到处都有盛脑室液的小袋子，很有可能没有主脑室区域，嗅球也可以自顾进行细胞分裂。我们成年后，大脑细胞并不是一成不变的——它们通过持续分裂来应对环境。

然而，由于研究人员们太热衷于研究神经元了，所以他们已经肯定人成年以后大脑皮层是保持不变的。在成年后，主管高级思考的大脑皮层不会形成新的神经元。在灵长类动物尤其是人类身上，大脑皮层容纳了大脑中大部分可获取的有意识信息。如果新神经元能在嗅球和海马体中生成，而神经元又可能在负责思考，那为什么大脑皮层里不能形成新的神经元呢？这让大多数研究人员都非常沮丧，从 1911 年卡哈尔拼命观察大脑皮层神经元起大家就一直是这么认为的。

然而，在我们的整个生命期内，星形胶质细胞一直都在分裂。

有一段时间，我们这个领域的多数人都认为，成年人的大脑皮层中有细胞分裂，但是却一直没有发现新神经元。因此，人们放弃了这项研究，对其置之不理了。没有了神经元，重点在哪里？毕竟这个领域被称作"成体神经发生"。阿尔瓦雷斯－拜拉曾披露，分裂的细胞是星形胶质细胞，但他的说法早被遗忘了。既然神经胶质细胞，更具体地说是星形胶质细胞在跟神经元沟通，告诉神经元该做什么，并且星形胶质细胞也是成人皮层下分裂的需要快速跟神经元沟通的新细胞，而且大脑皮层里分裂的细胞也是星形胶质细胞，那么"成人胶质细胞再生（adult gliogenesis）"的研究不久就将见到曙光。

2006 年发表的一篇学术文章证实了成人大脑皮层的神经胶质细胞再生。来自瑞典、美国、澳大利亚的研究人员们，运用一种独创的技术，共同对成人细胞分裂进行了研究。他们运用了在细胞分裂时辐射到大脑细胞的放射性材料，与利用胸苷显影的方法类似。从 20 世纪 50 年代中期到 1963 年签订《全面禁止核试验条约》（*Comprehensive Nuclear Test Ban Treaty*），在地面上进行核武器试验的过程中，大量的重碳被排放到大气中。一些生活在这个时代的人将自己的器官捐赠给了科学界，研究他们的大脑时，研究人员可以观察分裂了的、吸收了重碳的细胞，并且发现有大量的细胞分裂发生。研究人员对这些分裂中的细胞进行了检测，以区分它们是神经元还是神经胶质细胞。结果没有任何神经元产生。分裂中的细胞是神经胶质细胞。

紧随这些研究，研究人员将尿苷注入因不同癌症而即将去世的患者们的血液中——方法跟阿尔瓦雷斯－拜拉用到的方法相似。实验结果与重碳研究的结果完全一样——神经胶质细胞生长在大脑皮层里不断发生，却未形成任何新神经元。

关于这一特性的研究主要被用来证明，大脑皮层神经元再生现象仅仅出现在出生前后的发育过程中。但是，在我们大脑中负责高级思想的区域里有新的星形胶质细胞会持续更新这一说法着实令人震惊。

我们成年后大脑皮层里仍然有新星形胶质细胞形成，这一点肯定为人类思想做出了贡献。这一说法，再加上对星形胶质细胞中的钙波通信和递质调控的认识，共同引出一个理论：星形胶质细胞是思想的根源，它们能够持续更新，让我们的大脑保持最佳的工作秩序。当这个持续生成的过程被破坏时，我们开始明白这可能会导致什么问题。对神经胶质细胞进一步的研究表明，星形胶质细胞正是人类思想奇妙之处的根源，同时也是引发我们意志液体球即大脑毁灭性崩溃的根源。将大脑研究严格专注于神经元，会使我们无法理解我们是如何工作、为什么工作，以及怎样治愈最恐怖的大脑疾病。成年后新的星形胶质细胞会继续分裂，这个事实意味着星形胶质细胞试图形成储存信息的新空间，以便扩充思考能力，就像举重运动员加强锻炼，让肌肉更强壮，这样就能举起更重的物体。脑力锻炼可能就是我们如何获得更高的智商、储存更多的信息。一成不变的神经元只占大脑的百分之十，而且不能再生，它们只是一个由神经胶质细胞维护的通道，用于远距离通信。

每个人都知道学习和教育可以提高智商，但是智商的去向又在哪儿？有一种非常明确的可能性：在人一生中都可以再生的星形胶质细胞中储存着智商。那么有没有这么一种可能，即大脑皮层里新产生的星形胶质细胞去取代已经无法完成任务的星形胶质细胞？在大脑较低的位置，比如海马体和嗅球，星形胶质细胞可以长成神经元，当有新的重要信息进入到我们的环境中，需要进行处理并由大脑皮层星形胶质细胞中心保存时，这些神经元可以提供一个快速的通往神经胶质细胞中心的通道。

人体内许多器官都能在人一生中不断产生新细胞，例如血液、肝脏、皮肤。大脑之所以看起来很顽固、没有再生能力，是因为在过去的 100 年里人们的研究重点都放在神经元上，而非神经胶质细胞。在诺贝尔奖的演讲台上与高尔基进行僵持后，卡哈尔拼命研究神经元细胞，试图在大脑皮层里找出一些再生能力的迹象。但他什么也没找到。而阿尔瓦雷斯－拜拉针对大脑深处区域的实验开始挑战这些观点。结合那些表明星形胶质细胞既跟自己也跟神经元有交流的实验，我们对 21 世纪即将迅速崛起的伟大研究有了一些了解，神经胶质细胞不会再被忽视，不会再沦落到次要地位。研究星形胶质细胞有很多途径，让人满怀希望的是，将来的星形胶质细胞研究将会揭秘许多大脑疾病的起因和治愈方法。

不知大家是否还记得老克利夫·克莱文（Cliff Claven）的理论，他说酒精虽然能杀死脑细胞，但是因为我们只能用到脑细胞的百分之十，所以杀死一部分脑细胞没有关系，我们杀死的只是那些最虚弱的。喝酒就好比大脑里的适者生存，留下的细胞是最强壮的，所以喝酒极大程度地增加了我们思考的有效性。所以很显然，我们并不需要为这百分之十的神经元担忧。可是，大脑的健康依靠的是星形胶质细胞分裂，我们的大脑就像一个充满朝气的丛林，一直在成长，直到生命停止。目前已经有证据显示，怎样控制大脑的成长、成长怎么停止、当成长失去控制时会发生什么这些问题，都有可能得到答案。

THE ROOT OF THOUGHT

第 10 章 阿尔伯特·爱因斯坦的大量星形胶质细胞

　　神经胶质细胞给了大家希望和信心，掌握了神经胶质细胞是成体干细胞的知识后，研究人员就有办法了解智力神秘之处的根本。可以将大脑视为一个在人的一生中都保持青翠繁茂的实体——持续产生的新生命对荒漠和废弃之地不断进行补给。以前人们一直认为大脑像静态的月球，一块大石头上面是大片大片的空地，其实不然，无论从哪个角度看大脑都更像地球，它不断变化，到处都充满着生长和变化。大脑皮层里生长的主要是星形胶质细胞。神经元基本不变，直到星形胶质细胞足够多了，才需要从大量的星形胶质细胞中萌芽一个新的神经元，特别是在正在巩固新记忆的区域。神经元是四肢做出快速反应的通道，也是从神经胶质细胞中心来回运输新信息的通道。在大脑皮层里，每个星形胶质细胞控制着自己的整个环境，并通过钙波的方式与其他星形胶质细胞通信。星形胶质细胞是黏性的、液态的单元，可以储存复杂的信息并记录时间，但又不受空间的控制。

从进化论的角度来看，星形胶质细胞是生命起源时单细胞的延伸——它必须通过物种内的相互作用和最终的繁殖来维持自己。在星形胶质细胞的召唤下，神经元进化成为了快速反应的工具。星形胶质细胞在负责记忆的区域里成长，控制着我们怎样以生物的形式存活下来；当遇到问题时，星形胶质细胞会决定是要回避还是要挑战。因此有了我们的存在——我们的根本所在，我们的存在决定着我们如何思考。

关于神经元突触联系已经有很多研究。人出生后突触开始萌芽，并在进入成年早期后保持基本不变。但是，只有刚出生时的星形胶质细胞成长达到顶峰时突触才会萌芽，这就意味着星形胶质细胞决定着突触发生。基于突触对环境的监测，神经元会从环境中带信息回来，星形胶质细胞则对神经元带回来的信息进行处理。神经元突触的数量是由星形胶质细胞决定的。随着年龄的增长，无效突触被清除掉，而星形胶质细胞一定会插手这个过程。对于遭受虐待的儿童，人们认为会加速突触清除过程，但生成新突触的速度跟不上，因此，会导致儿童无法正常发育。然而，虐待过后，在星形胶质细胞上所发生的事情是很关键的一点，能帮助我们对有组织的神经元有所了解。星形胶质细胞从被强化的情境中吸取有很强影响力的信息（可能是好的也可能是坏的），然后去掉一些突触，对神经元进行重新组织——就像一个城市把现存的一些高速公路出口去掉以便让交通更加畅通。

理论上讲，即使一个人的生长环境没有为他的感官提供刺激，以上情况也同样会发生。但他的突触复杂度会低一些。基于以上研究以及儿童唐氏综合征患者的突触复杂度较低的事实，大家相信突触越多智商越高，如果想获得更多的突触，就要尽可能多地用积极的学习设备刺激孩子。星形胶质细胞的生长不依赖于突触数量。而突触的生长和清除却取决于星形胶质细胞的健康和生长。

这就是为什么要给儿童很多玩具，比如小小爱因斯坦（Baby Einstein）、乐高、变形金刚、希曼雕像、芝麻街、椰菜娃娃、爱探险的朵拉。动手操作是非常重要的，因为正是双手使我们区别于其他动物。感官间的互动可以创造出一个孕育神经元连接的大脑。然而，神经元脉冲抵达大脑时的神经胶质细胞刺激是至关重要的。

这同样适用于成人。星形胶质细胞在大脑里的生长可能就是大脑很活跃的证据——留意、专注、沉思、细想、思考、理解。迪士尼为其小小爱因斯坦产品取"爱因斯坦"这个名字是有原因的，因为爱因斯坦是智商的象征。近代史上，如果说要找出一位想象力丰富、不停开动大脑、总能冒出新鲜点子的人，所有人都会觉得没有比阿尔伯特·爱因斯坦更合适的了。

爱因斯坦是出了名的喜欢深夜研究数学。他在这段时间里的高强度思考，为物理界开启了人类历史上最惊人的研究。他声称大脑就是"他的实验室"。那么究竟是大脑的哪个部位呢？

爱因斯坦的广义相对论声称，时间和空间既是一个整体又是相对的。他说他生命中最幸福的时光就是站在电梯里，想象着一旦电梯从他脚下脱落，他就会感觉不到自己的体重了。他说重力是我们的意识产物、是相对的。他就是那种善于运用神经胶质细胞的人。

大学校园里的许多宿舍墙上都贴着爱因斯坦的海报，并附有他的名言"想象力就是一切"。爱因斯坦指的是活跃的想象力，即集中精力、全神贯注地运用大脑设计出一个完整的、以前从未被想到过的东西。这一点也许能从进化论角度为研究星形胶质细胞的用途带来一些启发。

经验是人类能够想出新事物、运用工具和想法、保持自己不断进化的基础。从生物学角度讲，我们已经进化到一个可以自己创造进化的阶段。而其他动物一直在为了这个目标努力奋斗着，即利用环境生存下来，但是只有人类的进化水平已经达到能够仅仅利用环境中的一些材料就可以创造出复杂的行为。我们有意识去这么做的想法存在于大脑皮层里。在大脑皮层里，星形胶质细胞－神经元的比例沿着进化阶梯向上而不断增长，而最高的比例则在人类身上。

爱因斯坦的相貌充满沧桑和褶皱，就像一个小山村，到处都是苍翠的小山丘、蜿蜒的峡谷溪流、以及由神经胶质细胞种子疯长而成的糖料树。但是，跟其他人一样，大脑才是他的精华。他的表情像寂静六月天里安详的湖面，他的大脑却像五月里的惊雷；他的行动像黑猩猩一样迟缓踌躇，他的思想却像奥运会田径运动员一样飞奔。

1955 年，爱因斯坦轻轻眨一下眼远比拳王洛奇·马西亚诺（Rocky Marciano）的当面一击来得更加震撼。然而，他却去世了。他那珍贵的大脑再也不受他控制了，接下来发生的事是所有大脑科学家们都熟知的故事。普林斯顿大学医院的领头病理学家哈利·齐默尔曼（Harry Zimmerman）在费城无法完成爱因斯坦的尸检，而他非常确信耶鲁大学医学院的托马斯·哈维（Thomas Harvey）可以做到，哈维是他当时的帮手、从前的学生。哈维锯开头盖骨，切开颅神经取出了大脑，称了大脑的重量，为 2.7 磅 ①，然后郑重地放入甲醛中保存，完成尸检后，他带着大脑夺门而逃。另一个医生则偷走了爱因斯坦的双眼。

哈维有时将大脑藏在自己家里非常隐秘的地方，有时把大脑藏到办公室里，他当时是大学校长，齐默尔曼想要知道他保存爱因斯坦的大脑的目的是什么。哈维说是为了研究。日复一日、年复一年，他们越来越感到挫败。同时哈维偷偷地让一个

---

① 　1 磅 =453.592 37 克。——译者注

实验技师把大脑的某些部分切成非常薄的切片，放到载玻片上，并用细胞识别剂进行染色，他用的细胞识别剂与高尔基的着色剂相似。

哈维把爱因斯坦的大脑藏起来时，一定是对它极度着迷了。想象一下，如果你可以把一缕阳光藏到罐子里；你可以用达·芬奇（Da Vinci）或凡高（Van Gogh）的眼睛看世界，用莫扎特的耳朵听音乐；或者你可以和哈维一样，把他们的眼睛和耳朵保管在盒子里。你一定也是极度兴奋的。哈维一定是非常好奇这一堆黏物里的锯齿和转轮到底是怎样预言重力可以将光束折弯的。在 1919 年的月全食发生期间，亚瑟·斯坦利·爱丁顿（Authur Stanley Eddington，1882—1944 年）通过实验证实了这一点。虽然爱因斯坦的四篇学术论文早在 1905 年，也就是卡哈尔和高尔基进入僵持的前一年就发表了，但他是后来才一举成名的。出人意料的是，爱因斯坦发现了众多的理论和公式，但他于 1921 年获得诺贝尔物理学奖并不是因为相对论，而是因为光既是波也是粒子这一观点奠定了这一理论的基础。哈维也拥有了这个富于想象的大脑。

哈维拥有了一样宝物，它完全可以凭空捕捉到一个能够启发各个学科、对整个人类都至关重要的概念。那是一个可以进行常规的烹煮、搅拌、翻炒，也可以经历常人无法想象的事情的大脑。从 20 世纪 30 年代开始，爱因斯坦除了专注于他的非科学性写作外，还专注于一个可以统一一切的理论——这个理论至今还未能解决。20 世纪 30 年代末的某一天，爱因斯坦的朋

友、以前的学生利奥·西拉德（Leo Szilard，1898—1964 年），
同时也是他发现了核链式反应并使得原子武器成为可能，兴奋
地冲进爱因斯坦在汉普顿斯避暑时的住所。西拉德因为有了如
何制造超级炸弹的想法而兴奋不已，同时他也害怕极了，因为
德国有可能也有了同样的想法。他说服爱因斯坦利用他的名气
给总统写封信，力劝总统批准马上开始研究。虽然当时政府在
对爱因斯坦的反美活动进行调查，但他们还是给富兰克林·罗
斯福总统写了一封信。如果信后面没有爱因斯坦的签名，美国
可能永远都不会制造原子弹。然而，爱因斯坦后来声明，他非
常后悔在那封信上签名并把它寄出。当然，那封信并没有打消
约翰·埃德加·胡佛（J. Edgar Hoover）对爱因斯坦的怀疑。

　　哈维保存的大脑指使了爱因斯坦的神经元延伸至他的手并
签署了那封信。哈维可能在深思：到底是爱因斯坦大脑里的哪
一部分促使他下决心签名，又是哪一部分让他对自己的举动感
到后悔呢？

　　就是这个为那封信签了名的大脑孕育了许多观点，并为 20
世纪的重大进步贡献了大部分的原动力，而这个大脑当时仍待
在甲醛里，为哈维所有。然而，普林斯顿大学频频施压，要求
哈维放弃爱因斯坦的大脑，并且迫使他离开了医院。

　　哈维带着爱因斯坦的大脑来到密苏里州，在那里做了一名
家庭医生，直到那些想要得到爱因斯坦一块大脑的人们找到并
纠缠他为止。他无数次被迫搬迁，在 20 世纪 90 年代初，他住

在堪萨斯州的劳伦斯市。然而，当研究人员们向他索要一部分大脑时，他通常会答应下来。

20 世纪 80 年代初，加州大学伯克利分校的玛丽安·戴蒙德（Marian Diamond）写信给哈维，索要一块爱因斯坦的大脑。几个月后，她收到了一个蛋黄酱罐子，里面放着四小块大脑。

戴蒙德手里已经有 11 块其他年纪相仿的人的大脑，这几个人的死因都不是脑部疾病或外伤，她用所得的 4 块爱因斯坦大脑与这 11 块做了对比。她使用了一种叫作体视学的方法，这种方法通过高倍放大来计算细胞的平均数，以此推算出大脑某个区域里的细胞数量。戴蒙德发现，爱因斯坦大脑的左顶叶皮层中被称为角回的区域中，星形胶质细胞与神经元的比例高于平均水平。爱因斯坦大脑里的细胞数量也远远多于常人，这个统计结果在统计学里用科学术语描述就是"显著的"，意思是"它非同寻常，能够说明一些问题"。

专心思考或者聚精会神，有可能会引发星形胶质细胞再生，星形胶质细胞越多，复杂思考的能力越强。爱因斯坦失神思考时积极地集中精力并运用其大脑皮层，可能产生了更多的星形胶质细胞，进而增加了他这种复杂思考的能力。然而，我们并不知道这在多大程度上依赖于他的先天能力或是他的星形胶质细胞的生长遗传因素。毫无疑问，他有一种先天驱动力，使得他能够集中精神进行深度思考。爱因斯坦大脑的右顶叶皮层和前额皮层的两个区域里，星形胶质细胞数量也比常人多。但

"显著的"只有左顶叶皮层。

人们都相信这个区域负责高级思考，尤其跟语言、数学及空间学习有关。有趣的是，爱因斯坦 3 岁时，由于语言发育迟缓，还被父母带去看了医生。

要想为神经胶质细胞增多能促进大脑皮层复杂性思考这一说法提供有效的论据，还需要研究更多的大脑。科学家们试图找到某些统计上显著的数据，然而仅仅 11 个普通大脑与 1 个天才大脑的比较结果并不能提供这样的数据。怎样才能得到更多著名思想家的大脑，显然已经成为完成这项研究的一个瓶颈。爱因斯坦是一个典型的例子。那你的邻居呢？他会花费很多时间集中精力积极思考吗？会像爱因斯坦那样进行勤奋的脑力活动吗？只是缺乏研究来对此进行证明。毕竟不是只有名人才拥有大量的积极思考行为。

另一个问题是，爱因斯坦晚年时大脑退化了多少。他似乎没有痴呆，但也确实再没发表过论文来阐述宇宙的秘密。我确定如果能得到像鲍勃·迪伦（Bob Dylan）这样的人的大脑将会非常有趣——因为这些区域负责歌唱。那里也许有更多的神经胶质细胞。但我们并不知道他去世时脑子的状态。研究人员不能仅仅为了看看神经胶质细胞的多少，而在某些人（比如杰克·怀特）30 岁时真的去猛击他的脑袋，也不能拿着小斧头和骨锯守候在诺贝尔奖演讲台后面，等到科学家们获奖之后就猛击他们，然后拿着遭受猛击的大脑，去跟那 11 个普通人的大脑做对比。

当然，对爱因斯坦大脑的研究已经被玷污了，且不说哈维被科学界放逐，不得已将大脑保存在蛋黄酱罐子里。1994年由凯文·赫尔（Kevin Hull）导演的纪录片《爱因斯坦的大脑》（*Einstein's Brain*）里，日本近畿大学的一位数学和科技史专家杉本健二（Kenji Sugioto）在听说有人保存了爱因斯坦的大脑后也想获得一块。他想把它留作纪念，所以费了很大力气去找哈维。当他找到哈维的导师齐默尔曼时，齐默尔曼告诉他哈维已经去世了。但杉本发现哈维仍然在世，住在堪萨斯州劳伦斯市，离威廉·S. 巴勒斯（William S. Burroughs）家不远。巴勒斯给杉本看了电影《世界末日》，电影开头讲述的是劳伦斯市被原子弹从地图上抹掉。他指示杉本怎样找到哈维，"沿着河走，你会到以前老公墓的所在地。后来那里被开发成活动房屋停放场了。再后来，一场龙卷风把活动房屋停放场彻底摧毁了，有人说那是逝者不堪打扰采取的报复行动。无论怎样，从那儿左转，你会看到'陌生人小溪'。哈维……哈维博士就住在小溪的另一边。"

巴勒斯了解怎样在晚年时仍保持一个活跃的大脑。

哈维对大脑的事情遮遮掩掩，并没有向杉本透露很多，他不确定杉本是什么人。最后他拿出一个扣得严严实实的糖罐，里面装有大脑。杉本问是否可以给他一块，哈维支支吾吾半天，然后给了他一个切片。杉本又问道，如果他不想要切片，是否可以给他一块实实在在的大脑。哈维大笑起来，知道了杉本的意图，态度随即变得温和。他慢慢走到厨房，取出一个切肉刀和一个砧板，从饼干罐里取出一块脑干和小脑，很可能他对小脑不感兴趣，所以选择了小脑（小脑位于大脑后方，控制着我们的关节和运动的协调，所以我们可以在 3D 空间里活动。如果将一个动物的小脑去掉，它走路就会像喝醉酒一样。小脑是脑部研究中令人厌恶的有待研究的部分，而且很少有人找哈维要这个区域）。他像切洋葱一样切下一块小脑，放到处方药瓶里交给杉本。到了纪录片的末尾，我们了解到哈维在一个工厂当挤压机学徒，并被评为月度最佳员工。

也许哈维在机器旁边工作并思忖着橱柜里爱因斯坦大脑的时候，是星形胶质细胞管理着他的思想；当杉本着迷于一块大脑时，是星形胶质细胞的钙在运作；当戴蒙德在显微镜下观察爱因斯坦的星形胶质细胞时，她运用的也是自己的星形胶质细胞。尽管戴蒙德的研究有缺陷，但如果她对爱因斯坦的研究经证实是真的的话，那将会给人一个多么难以置信的惊喜。但由于研究没有继续，我们至今仍不知道是不是真的。甚至戴蒙德自己最终的推断是，神经胶质细胞只是为神经元提供更多的"营养"，与 1985 年星形胶质细胞是神经元的支持细胞的说法类似。

我想我们现在可以说星形胶质细胞并不仅仅是支持细胞或电绝缘体。髓鞘的生产能增强神经元的电导性并将神经元给隔离了。可以看出，神经元优势地位起源于 19 世纪的研究，当时神经系统科学的主要工作都是围绕着外周神经元展开。伽伐尼发现了外周轴突的电动力后，人们知道大脑及其周围像身体的其他部位一样，是由单细胞构成的，因而引发了神经元学说。卡哈尔自己说，随着技术的进步，神经胶质细胞的功能将会引起人们注意。既然现在技术已经进步了，那么我们正开始意识到，神经元也许只是神经胶质细胞的附属物。

我们确实知道四件事情：神经胶质细胞更新发生在普通人的大脑皮层里，这一点是通过研究生活在原子弹实验时期的人们大脑中的重碳而被证实的，非常具有讽刺意味。而且，星形胶质细胞的再生与学习区域相关，诺特博姆和阿尔瓦雷斯－拜拉开启的对脑室下层和海马体的研究为这一点提供了证据。另外，与 11 个普通大脑相比，爱因斯坦大脑的左顶叶皮层中的星形胶质细胞数量比较多。最后，我们知道星形胶质细胞通过钙波的流动相互沟通，对其空间内的神经元突触有绝对的控制。

成年后，星形胶质细胞仍然持续再生，要想加速其再生周期，我们必须让大脑工作。就像举重健能让身体更强壮一样，脑力劳动则可以创造更高的星形胶质细胞更新率，有更多的星形胶质细胞，我们才能进行更复杂的思考。但是，从生物学上讲，时间的肆虐会对我们造成伤害。神经胶质细胞的再生不能一直持续，随着时间的推移，身体的其他部位会被地球的气候所侵蚀，最终我们会消亡。

星形胶质细胞也是大脑里唯一的通信细胞，监控血管并附着在血管上，星形胶质细胞从血管中汲取养分并输送到大脑。当我们思考时，我们可以加快血液流向大脑的速度，让大脑像肌肉一样工作，全神贯注的思考使它收缩，并引发更多星形胶质细胞生长。从这层意义上讲，爱因斯坦就是阿诺德・施瓦辛格（Arnold Schwarzenegger）。

人年老后会痴呆。肯塔基大学的大卫・斯诺登（David Snowdon）对众多天主教修女进行了研究。当研究老年痴呆的发生概率时，斯诺登及其同事们发现，经常做纵横填字谜游戏、文字游戏、编织等智力活动的修女得老年痴呆的可能性非常小。经常使用大脑，会延缓由于年老引起的痴呆。

这就解释了为什么爱因斯坦有更多的星形胶质细胞。星形胶质细胞是思考细胞。它们是大脑皮层里唯一在我们一生中都能增殖的细胞，因为细胞更新与学习有关，这就令我们相信，让大脑工作可以提高复杂性思维的能力，也能延缓大脑恐怖的痴呆。

斯诺登研究的修女们并没有执行严格的学习任务，仅仅是运用大脑皮层时很专注。这种大脑皮层的专注，可以引发更多的神经胶质细胞再生，也许就能解释为什么爱因斯坦大脑的左顶叶皮层中有大量的神经胶质细胞。

由于普通人（我是指所有人）并不是爱因斯坦，所以也许只有两种方式可以促进大脑中神经胶质细胞的再生。第一种等同于为儿童提供的环境强化，有点像成人版《小小爱因斯坦》，通过尽可能多的旅行、阅读和观察来增加你对环境的经验，获取知识。另外一种是多尝试回忆知识，让血液流进大脑，让沉睡的星形胶质细胞动起来，而不是只会说"我不知道"，或是不做任何努力，只是简单地上网查一下——尽管通过网络阅读和学习新知识也许也是件好事。

爱因斯坦拥有更多的星形胶质细胞，可能是因为他的基因遗传倾向于生成细胞，也或者可能是环境的原因。但是，经过对脑衰老的研究我们知道，多数脑部疾病本质上似乎都是由环境造成的。虽然也有一些遗传性疾病，但通常情况下遗传病很早就会侵袭大脑，往往在未衰老时就会发病。大多数脑部疾病都不是基因问题，而是随机发生，这说明人在晚年仍然可以较好地掌控自己思考的能力。因此，使你的星形胶质细胞生长，可能就是一个环境过程。

另一种说法是，爱因斯坦的星形胶质细胞并非是成年后稳步生长，而是可能在他早年时就已经大规模生长了。我们知道，不论是其中哪个过程，人整个一生中星形胶质细胞都在生长繁殖，所以很有可能的是，要么爱因斯坦在某个时期经历了星形胶质细胞大规模繁殖，然后进入一个持续的稳步繁殖阶段，要么他的星形胶质细胞是以一个超出常人的速度逐步繁殖的。

我们大脑中的细胞分裂是一个无性过程；星形胶质细胞分裂，然后它的子细胞成长为一个功能健全的细胞，它会逐渐衰退以至死亡。它会经历一个完整的循环，就像爱因斯坦的大脑那样。在《驾车送阿尔伯特先生：与爱因斯坦的大脑的一次穿越美国之旅》（*Driving Mr. Albert: a Trip Across America with Einstein's brain*）一书中，迈克尔·帕德尼提（Michael Paterniti）描写了他和哈维开车穿越美国的故事。在别克云雀的后备厢里，爱因斯坦的大脑在甲醛里左摇右晃。结尾处帕德尼提披露，自此以后，已经 90 多岁的哈维便把大脑交给了普林斯顿大学医学中心的病理学家艾略特·克劳斯（Elliot Krauss）。

收缩你的大脑增加星形胶质细胞的数量，想象力、创造力、思想诞生于在大脑皮层。根据最近 20 年里新增的一些证据，再加上对爱因斯坦大脑的研究，我们越来越清楚地发现，与其说大脑是神经系统的闪电风暴，倒不如说它更加是一个精细的结构。它像肌肉一样需要通过锻炼来维持自己的能力，高强度思考过后大脑会成长。成长和思考都发生在大脑皮层神经胶质细胞的星形胶质细胞中。

神经胶质细胞的更新贯穿人的整个生命过程。如果你让大脑工作，保持星形胶质细胞的持续生长，就会令你的大脑保持年轻。就像鲍勃·迪伦说的那样："那时候我非常老；现在的我比以前那时要年轻。"

第 11 章　我梦到神经胶质细胞了

　　鸸鹋不会喝醉，即使它们醉了我们也不知道为什么。如果熊吸食大麻，我们猜不到它兴奋时是什么感觉。但你却能猜想到自己吸了大麻会是什么感觉。你猜想自己的感觉会跟其他人一样，因为你们是同一个物种。你可以跟其他人交流你的经历，就像波德莱尔（Baudelaire）在《大麻之诗》（*The Poem Of Hashish*）中写的那样："吸完大麻的醉态期间，真的，像极了一个无边的梦，那强烈的色彩，那飞速旋转的各种想法。但这会让一个人着迷。人渴望做梦；这个梦能支配人。"

　　梦的作用就像毒品，除非大脑皮层的顶部－枕部－颞部连接因受伤而被损坏，你不能做梦了，或者至少记不住梦里发生什么了。大脑皮层这个区域有很多星形胶质细胞，能产生钙波。也正是在大脑的这个区域里，爱因斯坦的星形胶质细胞比常人多出许多。他一定做过奇怪的梦。

人出生后大脑会经历星形胶质细胞的爆炸式生长，然后从大约四岁开始，我们开始有了记忆和梦。钙波有断断续续的涟漪，人的梦可以证明这一点。星形胶质细胞的内部活动，以一种能激发钙释放的短期喷发形式实现。就像下到湖面上的雨，大脑中断续钙喷发产生的涟漪也许正是想象力或创造力的所在地，所以才有了梦的素材。

一般认为，当我们做梦时，刚刚经历过一整天紧张的神经元放电的身体，正处于休息状态。但感官输入和运动输出却始终保持活跃。要对这些进行研究，我们可以采用最早在 19 世纪就使用过的一种研究大脑里放电活动的技术（无须打开头盖骨），这种技术是由弗里奇和希齐希开发使用的。在一个多世纪的时间里，研究人员们采用的都是他俩记录脑电波（EEG）的做法。研究人员把电极放到头皮上，从理论上研究大脑内部的电活动。人睡着后，脑电波会如预期的那样进入一个单一无变化的模式，与清醒时的断断续续的脑电波正好相反。

脑电波就像是鸭嘴兽。我们知道它们的存在，却不太明白它们到底是什么。我们认为，进入深度睡眠后放电模式改变了，这时就会做梦。这种活动模式可能是由钙波诱发的。

没有了感官信息进入大脑，我们可以检索思想和图像。睡觉时脑电波活动会发生在几个不同的阶段——其中一个阶段吸引了人们大量的注意力，那就是快速眼动阶段或者叫 REM （rapid eye movement）睡眠。以前人们认为只有在这个阶段人才会做梦，但现在我们知道睡着后任何时间都可能做梦。切断与外界的联系后，大脑中的涟漪会扩散并激活临近的神经元，诱发 REM 活动。然而，由于缺乏来自各感官的整合，导致了所经历的事情的不可预测和不真实感。

也许梦并不像我们想象的那么随机。可能当我们经历新鲜事物时，星形胶质细胞被新信息淹没，到了夜间，星形胶质细胞需要长出更多的细胞，以便得到更大的空间来处理和巩固与其所对应神经元之间的连接，这样第二天就能更好地依照新信息行事。

很多人都有过这样的经历，某一天事情一件件接踵而至，频频轰炸我们的大脑，以至于我们很快就疲惫不堪了。我们必须睡一觉或休息一下，好在第二天重新振作精神。清醒状态下，我们的星形胶质细胞可以在与经历相关的区域里成长。夜间，新的星形胶质细胞需要加强神经元连接，这样我们下次再遇到相同的情况时，就可以依照经验而做出更好的反应。我们在 REM 睡眠中看到的快速眼动，有可能是神经胶质细胞在尝试着利用神经元放电来确保它们连接得更稳固。

紧随经历而来的就是梦。想象一下，你亲眼目睹一辆时速50英里①的汽车在城市的街道上撞到一个行人，行人被甩出半个

---

① 1 英里 =1.609 344 千米。——译者注

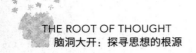

街区，重重地摔落在地，血肉模糊，四肢以非常怪异的角度扭曲着，路人中有些惊恐地跑掉了，有些目瞪口呆一动不动。这一幕有可能给你留下非常深刻的印象，它会进入到梦里。就如中彩票或分娩那一刻一样，时时萦绕在你的梦里。

比如在塑料厂工作的人，整天都在生产铲把、电脑显示屏或信件托盘，每隔30～40秒钟就会从模具里跳出一件新的塑料制品，这样单一无聊的生活会渗透到梦里。但是到了周末或晚上，我们可以通过活动安排或娱乐打破它。

如果白天产生过极度害怕或不安全的感觉，我们就会有不祥的预感或做噩梦；而如果看过一个滑稽的电影，我们的梦就会颇具喜剧色彩。从一群已有所准备的星形胶质细胞里诱发钙波就容易多了，流动的钙波雨滴更容易凝聚成训练有素的波浪，穿过许许多多的星形胶质细胞。

当我们睡觉时，这些波无处可去，只能待在思想里。我们拥有与思想相应的波动，它可以遍及整个大脑，但从神经元到肌肉的长距离传输是不可能的；所剩下的就是我们梦里支离破碎的经历了。我们的感官得不到任何可以让思想安心的反馈。

有段时间，心理学家相信梦是有意义的。这一点很可能是真的。梦可能是被我们最占优势的星形胶质细胞以波的形式诱发的，也就是我们清醒时活跃思想之池中最被频繁使用的那些细胞。夜里，当某个特殊的星形胶质细胞群的钙波持续不断时，我们就会重复做一个梦。或者，当活跃的星形胶质细胞进入维修状态时，那些之前未被用到的星形胶质细胞就可能在夜里突然迸发、产生波动，因而变得活跃起来。

人们相信，被大脑频繁使用区域里的突触生长，可以产生更强有力的连接，从而使得神经元可以保存新的记忆。连接强度这一概念，并非最先由星形胶质细胞主导的信息储存理论使用。星形胶质细胞在最常被使用的区域中生长。这种生长对在睡梦中产生断续钙波的整个区域都起作用。

如果我们尝试从很久以前发生的事情中检索信息，我们首先通往的可能是熟悉的大脑区域，但是当到达我们要寻找的目标群体时，复杂程度也会伴随着过量生长而增加。丛林比荒漠中有更多的生命，同样，成长中的星形胶质细胞也要比一个静止神经元电子荒漠中能够孕育更多的生命。

我们在感官剥夺牢房中的经历，能更好地证明断续钙波的存在。思想就似梦一般，游走于未经外界检验的超现实中。这种情况伴随不活跃的神经元而发生。而脑袋里涌动着、碰撞着的星形胶质细胞波主管着这种经历。

我们并不知道其他物种会在多大程度上做梦。但是，养过狗的人都听到过狗在熟睡时狂吠，所以狗有时似乎也会做梦。人类的神经胶质细胞与神经元的比例、人类大脑皮层里大量的星形胶质细胞，以及我们更加复杂的行为，这些都意味着我们的梦更加复杂。然而，这个观点之所以看起来那么吸引人，就是因为我们是人类。

我们人类只是光着头的大个子双足鼠，我们灵活的身体像直立的陆栖海豹一样在这个星球上跳来跳去。我们非常愧对于我们周围的其他物种，我们残忍地杀戮其他动物，只为了剥掉它们的皮毛而披在我们自己身上。几个世纪以来，我们趾高气扬地行走在一堆堆腐烂的动物尸体中间。进化过程中我们学会了使用工具，进而将我们推向了食物链的顶端，这也许只是因为我们内在有种欲望驱使我们去屠杀其他动物，以此来满足我们用它们的皮毛遮羞蔽体的强烈欲望。我们坐在牛皮椅子上，为自己有这么高明的主意而自高自大。但是，几乎可以肯定，其他动物的思想水平一定比我们想象的要高。如果知道他们是怎么看待人类的，我们可能就没那么自命不凡了。不过话又说回来，我们人类的思想水平可能确实比其他物种高。为了写好这本书，就让我们暂且这么假设吧。

睡觉时或感官剥夺过程中的想象活动是被动的，是一种不同于主动想象活动的经历。在我们醒着并且没有进行感官剥夺时，我们同样具有排除感官的能力。我们可以通过逻辑进程来提出想法，然后可能又会启发出一个与我们已有知识相关的新的想法。或者我们会思考、惊讶、沉思，然后就会有某些东西闯入我们的大脑。这就是所谓的空想，其实白日做梦不是没有原因的。这是一种屏蔽我们周围环境、集中精力思考的行为。空想是人类经历不可或缺的一部分，而且可能就发生在星形胶质细胞里。主动思考发生在星形胶质细胞以及其与血管连接部分之间的纽带上。就像收缩肌肉一样，我们可以通过增加流向大脑的血流来滋养钙波流，触发灵感，这种时刻可能需要我们激活神经元活动。

无论梦看起来如何——是可怕的还是精彩的、高度思考的还是不合逻辑的，都会在一定程度上碰触到我们本性中最真实、最让人兴奋的元素。但在表面上，梦全部存在于人类的抽象思维中，游离于清醒的、工作中的、活跃的、高谈阔论的、现实中的人之外。每天晚上，规律正常的你都会进入到一个自己的疯狂世界。有些患有精神疾病的人，甚至在醒着时也要被迫对抗这种状态。

以前，大多数与精神障碍相关的研究，都倾向于相信问题出在神经元上，但现在研究人员们已经将注意力转移到神经胶质细胞和星形胶质细胞上来了，我们很快便会明白，这将为我们打开很多扇门，照亮我们探索神经疾病根源的道路。

对精神疾病复杂多样的研究——由于它们关系着我们人类最核心的存在，即我们的思想、想象力、创造力——正是我们研究星形胶质细胞功能的完美手段。接下来的这个世纪，这一研究将会呈现出许多惊人的发现。星形胶质细胞就是我们本身，每个人的星形胶质细胞处理过程都在某些方面与众不同。那么它们是怎么个不同法？为什么不同？这个问题理解起来会非常有趣。有一种治疗精神疾病的方法涉及锂和双相障碍（以前称作躁郁症）之间长期存在的关系。用锂离子代替星形胶质细胞中广泛存在的钾和钙两种离子。锂的稳定特性和其他的双相治疗，使得患者感觉似乎"不是自己了"，锋芒毕露的自己被磨圆了；锂只是不同于钙而已。

而且，已被临床诊断为抑郁症的患者死后，研究者们对其大脑进行研究时发现，与正常人相比，抑郁症患者大脑皮层星形胶质细胞的数量减少了。

人抑郁时，星形胶质细胞的缺乏可能导致钙波减少，以致无法刺激到相关区域。当一个人的思想落入漫无目标的深渊后，他的思想就不受控制了。相反，人在狂躁时就像刮起飓风的海洋，脑中的钙波波涛汹涌、力度强大，其结果就是行为极端活跃和情绪高涨。

在精神分裂症患者的大脑中，也观察到了星形胶质细胞数量的减少。如果能了解更多精神分裂症与星形胶质细胞之间的关系，会对研究精神分裂症有极大的帮助。人们认为 5- 羟色胺是掌管情绪的递质，也有报告显示在精神分裂症患者中发现了被破坏的 5- 羟色胺。精神分裂症患者的行为特别像我们所说的幻想。众所周知，精神分裂症患者会有不切实际的幻觉，5- 羟色胺的这种影响可以使得从感官获取信息的星形胶质细胞，在无须神经元刺激的情况下激活钙波。

治疗抑郁症一般使用 5- 羟色胺再摄取抑制剂。其理论依据是，5- 羟色胺可以在突触上停留较长时间，并在很长一段时期内对神经元发生作用。星形胶质细胞也可以进行 5- 羟色胺再摄取，其结果可能是，通过这一途径，使细胞内钙库的持续钙释放，从而激活星形胶质细胞上的受体。产生这一结果的原因可能是，当星形胶质细胞被耗尽时会去激活更多的星形胶质细胞。

人类有一个独一无二的经历，那就是有意识地服用改变心理的药物。人们并没有大量研究星形胶质细胞在处理娱乐性药物（毒品）中发挥的作用，因为大家最近才开始了解神经胶质细胞在大脑功能中的突出作用。

由于星形胶质细胞可以为递质表达受体和再摄取 5- 羟色胺，所以人们认为，专门作用于递质受体的毒品可以促发星形胶质细胞的活动和通信。据研究，尼古丁可以作用于乙酰胆碱受体，而咖啡因可以作用于腺苷受体。已经有证据显示，神经胶质细胞中有这些受体的表达。

出现抗药性的原因是药物频繁作用于受体，导致细胞减少受体的产出量，无法发射强有力的信号，这种情况一直延续到受体数量再次增多。过去 15 年的研究表明，海洛因可以中止细胞生成。吗啡似乎能抑制星形胶质细胞特有的程序即细胞生成活动。抑郁症与星形胶质细胞数量减少、类似 5- 羟色胺的细胞递质数量不增加有关，这种抑郁方式有可能就是抗药性的症状。

就在最近，阿方索·阿拉克（Alfonso Araque）实验室关于神经胶质细胞的最新研究让人们为之兴奋，但实际上这项研究来自马德里的卡哈尔研究所，这非常讽刺，因为卡哈尔研究所得名于神经元的最大拥护者拉蒙－卡哈尔。阿拉克和玛尔塔·纳瓦拉提（Marta Navarrette）给人们提供了一个深入了解大麻对钙波作用的机会。在人类历史上，大麻被长期使用，20世纪 90 年代早期，有人最终描述了毒品在大脑中的活化作用和作用原理。大麻中的四氢大麻酚（THC）类似于递质，被称为内源性大麻素。由于最早的研究都以神经元为中心，那时的研究显示，内源性大麻素是作为神经元的反馈机制而工作的，由神经元释放出来，然后再反作用于释放它的神经元上。但是最近的研究证明，内源性大麻素可以在星形胶质细胞里释放细胞内钙库，引发钙波。

这一发现表明，波德莱尔所描述的梦一般的状态，确实是由大麻在星形胶质细胞里引发的钙波涟漪导致的。

酒精与星形胶质细胞之间的故事更加久远。利用与细胞结构相关的蛋白抗体对星形胶质细胞进行染色时，星形胶质细胞在受损的大脑中表现出不同的形态和反应。曾有研究试图通过观察星形胶质细胞来确定酒精具体是如何让大脑受损的。但关于这方面的认真研究，直到最近 20 年才开始。酒精似乎可以影响钙结合蛋白，导致钙从细胞内钙库中释放出来。酒精还可以引发活性氧的释放，这一点可以诱发细胞死亡。

非常遗憾，事实上还没有任何研究是关于麦司卡林、裸盖菇素、麦角酸二乙基酰胺（LSD）等迷幻剂与星形胶质细胞之间的关系的。

随着药理学实验室开始专注于星形胶质细胞，我们会逐渐了解 5- 羟色胺激动剂之间（例如 LSD 和裸盖菇素）是如何产生相互作用的，这将会非常有趣。这些分子以及 AMT（α - 甲基色胺）、DMT（二甲基色胺）等其他分子的色胺结构表明，它们之间是有联系的，但是人服用裸盖菇素后经历的是循环思维和冷酷，而服用 LSD 会经历无限清醒和绝对数字化体验，这两种经历是不同的。

可卡因是通过阻断多巴胺的再摄取而产生活化作用的。研究显示，这个过程依赖于星形胶质细胞，但有关星形胶质细胞与这种活化作用的关系的研究却很少，大家的精力主要集中在大脑奖赏中枢的神经元回路上。就尼古丁、可卡因等毒品来说，大脑的深层奖赏中枢显然发挥了主要作用。当异常物质轰炸大脑，并导致非常引人注意且可测试的行为时，大脑会产生变化，我们本来可以通过研究这种变化而更好地理解人类思想，可惜人们对奖赏中枢星形胶质细胞以及皮层里所有星形胶质细胞的忽略，彻底阻断了这个通道。

服用毒品会产生梦境一样的感觉，一旦停止服用，梦境又会受到影响。当托马斯・德・昆西（Thomas de Quincey）的神经胶质细胞再生似乎受阻时，他在《一个英国鸦片服用者的自白》（*Confessions of an Opiun-Eater*）中写道："因为除了这些，还有梦里出现的所有其他变化，都伴随着深深的焦虑和忧郁哀愁，感觉用任何话语都无法言明。每个晚上我都会堕入——不是比喻，而是真真实实地堕入深坑和黑漆漆的地狱，越陷越深，似乎绝望到永无出头之日。即使醒着的时候，我也无法找到出路。我不愿去细想这些；因为即便在这华丽的场面，对那种阴暗的状态的回想也会让人瞬间跌入谷底，变得意志消沉，生无可恋，那种感觉是难以言表的。"

停止服用毒品会影响我们的星形胶质细胞，破坏我们基本的梦境，光是想想就觉得非常可怕。不过看完波德莱尔对毒性较弱的印度大麻的描述，可以消除我们的疑虑，"应该让那些世俗、无知、充满好奇、一心想体验极乐快感的人明白，从印度大麻中是找不到任何奇妙快感的，什么都没有，只不过是比自然感觉夸张一点点而已。印度大麻对于大脑和机体的作用，仅仅是给予大脑和机体一种普通却又独特的现象，但这种现象会被放大。你眼前的毒品是这个样子：一颗小小的糖豆，有果仁那么大，气味比较特别。"

我们的经历保存在星形胶质细胞之中。毒品能够影响我们的经历并使其加强，但星形胶质细胞仍然作用于我们的经历，并且与我们是一体的。当我们置身于一个新的处境，钙波会延伸到掌管先前经历的细胞区，这时我们就会有似曾相识的感觉——其实这是一种轻微的扰动，它让我们置身于反思的恍惚状态。对先前经历的体会已逐渐被埋没了，而现在星形胶质细胞又触及到了那次经历的边缘，所以我们就感觉到了。

我们知道熊不会去吃引起幻觉的裸盖菇素，狼也不会去吃。但狼会有记忆幻觉吗？

第 12 章　神经退行性疾病

　　许多脑部退行性疾病，尤其是阿尔茨海默病、帕金森病和肌萎缩侧索硬化（ALS）都有一些很古怪的方面。在所有这些病当中，首先丧失的是嗅觉。为什么会是嗅觉呢？没人清楚。有可能存在很多原因——这种病导致那些将嗅觉传导至大脑的神经元，在某种程度上遭到了破坏。或许某些原始进化印记在我们的鼻子上留了个标记，当大脑的某些区域开始退化时，只是再也无法找到这些标记了而已。然而我们在课本上学到的知识告诉我们，患阿尔茨海默病时，遭到破坏的地方是海马体，这是一个负责形成新记忆的区域——从布伦达·米尔纳（Brenda Milner）的著名患者 H.M. 身上切除掉的那部分。患帕金森病时，被削弱的区域是基底神经节，尤其是黑质，这个区域帮助控制运动。患肌萎缩侧索硬化时，功能退化的是大脑皮层运动神经元，这里的神经元将其长长的轴突从脑皮层伸出来，告诉我们的身体如何行动。嗅觉跟这些疾病有什么关系呢？

事实上，研究证明，无论你在生物课上学了什么，这些疾病之间都有很多联系。贴在这些疾病上的标签掩盖了这样一个事实：它们就像色谱一样——蓝色和红色是两种不同的颜色，但却可以混合在一起变成紫色。阿尔茨海默病和帕金森病是两种不同的疾病，但是有一种退行性疾病却是这两种疾病的结合体。一个负责治疗脑部疾病的医生将告诉你，每个人都是不同的，某个人虽然被诊断为患了阿尔茨海默病，但却表现出其他疾病的症状。再一次地，人们希望通过贴标签和表特征的方式来理解某些事物的做法，反而阻碍了我们对它的了解。

在现代科学产生之前，患有退行性疾病的人被忽视、被抛弃，任由他们死去。人们活得还不够久，因此不会得这种病。如果人类活到90岁的话，将无法记起自己的名字，好吧，人类已经可以活到90岁了。然而，随着人类寿命的增加，我感觉有必要将那群再也无法记住任何东西的人聚集到一起，将其划分为一类，或者再把那群行动不便的人聚集到一起，而将其划分为另一类。所以在这种分门别类的做法中失去的是什么呢，就是虽然一个痛苦的人所得的病，与某些其他人所得的可能是同样的病，但还是被贴上了某种特殊的标签。

这始于詹姆斯·帕金森（James Parkinson，1755—1824年），

他观察了伦敦的六种人，并在 1817 年写了一篇文章，来描述"震颤性麻痹"（shaking palsy）。他仔细地观察了那种颤抖和无法使行动开始与结束的状态。

60 年以前，在法国，让－马丁·沙可（Jean-Martin Charcot，1825—1893 年），西格蒙德·弗洛伊德（Sigmund Freud）的导师，也是催眠术的支持者，以及给疾病贴标签的罪魁祸首，利用了帕金森的发现。沙可是第一个建议使用卡哈尔和高尔基发明的染色法对异常行为进行描述，然后将其与大脑进行比较的人。他很喜欢给疾病命名——其中包括多发性硬化症和腓骨肌萎缩症（四肢内神经的退化）。基于所诊治过的那些符合帕金森在其著名论文中所勾勒出的一系列症状的患者，沙可还将震颤性麻痹命名为"帕金森病"。

在巴黎著名的萨尔拜特里尔医院，沙可不仅没有停止为疾病命名，还在一家欧洲医院创建了第一个"神经内科"门诊。尽管如此，或许他最著名的发现就是对肌萎缩侧索硬化的描述了，在欧洲被称为沙可病。在美国，它则被称为卢·格里格病，以纽约洋基队一垒手卢·格里格（Lou Gehrig）的名字命名。1938 年赛季中期，在格里格 35 岁时，他突然不能打球了，而他在前一年则打出了联赛第二、全垒打第三的成绩，人们普遍将他看作当时健在的最好棒球手。他完成此赛季时的平均成绩为 0.295 安打率，对于一个普通的棒球手来说不错的安打率，但是比格里格曾经的成绩低了约 50 分。他之前在 2130 场比赛中连续出场而从未受过伤，1939 年初，他感到无力，主动退出了比赛。当洋基队在芝加哥参加比赛时，格里格则迈进了明尼苏达州的梅约诊所，并被著名的梅约医生诊断为肌萎缩侧索硬化。最终，他不得不退休，但是他的粉丝们却因为他从比赛中最好的球员突然间坠落为虚幻的幽灵，而感到很困惑。两年后，他去世了。

患有脑部退行性疾病时，一个人的健康和思维完全丧失，是件很悲哀的事情。对于这种疾病的毁灭性，任何人都无法做任何准备，尤其是病人的朋友和亲人——而且在格里格的实例中，数百万粉丝感到自己和他之间已经建立了某种特殊的关系。肌萎缩侧索硬化是一种特别可怕的疾病。继沙可对这种疾病进行描述后，研究表明，皮质神经元的退化延伸至了脑干和脊椎。脑干和脊椎的退化导致身体剧痛、无法行走，最终结果是无法呼吸。

1919 年，出生于乌兹别克斯坦的俄罗斯生物学家康斯坦丁·特列季雅可夫（Konstantin Tretiakoff, 1892—1958 年）注意到，被诊断为帕金森病的患者在其深入脑核被称为黑质的区域，出现了色素神经元的丧失。黑质是拉丁语，意思是"黑色的物质"，具有讽刺的是，芝加哥白袜队在世界大赛中放水打假球也是在这一年（黑袜丑闻）。据说，在一个反馈回路中，黑质与大脑皮层下的其他细胞核一起工作，来调整我们的运动。

在从中脑切下的一部分中，黑质看上去就像深色的拇指指纹。颜色深是神经元中的黑色素导致的，与沉积在我们皮肤中的物质相同。如果把大脑比作一张脸的话，黑质就是长了雀斑的脸颊。

德国科学家爱罗斯·阿尔茨海默（Alois Alzheimer，1864—1915 年）将沙可的做法发扬光大，成为第一个对健忘症进行描述的人。奥古斯特·德特尔（Auguste Deter），一个 51 岁时出现了记忆丧失症状的家庭主妇，经人引荐来找他治病。在她去世 5 年后，着迷于此病的阿尔茨海默，运用高尔基的银染色法，对她的症状和大脑进行了全面彻底的研究，然后发现大脑皮层已经萎缩了，看上去就像一个胡桃，神经元也已经遭到了破坏。

唯一有效的治愈方法是针对帕金森病的。20 世纪 50 年代，诺贝尔奖获得者瑞典科学家阿尔维德·卡尔森（Arvid Carlsson）发现了递质多巴胺。研究发现，神经元将信号从黑质传导至脑部其他区域时，多巴胺是主要的递质。通过给狗喂食多巴胺耗竭颗粒，卡尔森发现，它们开始出现类似帕金森病的症状。研究人员使用一种类似的叫作左旋多巴的药物来立刻缓解某些患者身上的症状，这种药物能够穿过血脑屏障并转化为多巴胺。

表面上的治疗并不能治愈这种疾病。相反地，据说，过量的多巴胺治疗会加速病情的发展。虽然在确诊后的几年中，它戏剧化地改善了帕金森病患者的生活，但它没能找出病因。

当前，另一个帕金森病治疗方法为深部脑刺激术。将一个电刺激器放进大脑深处的基底神经节，即包裹着黑质的一系列核。电刺激能够模拟黑质放电，使运动恢复。能够想象得到的是，这种治疗方法也是表面性的，并不能使疾病得以治愈，但是相对于没有治疗时，它能够使许多患者的生活质量得到更长久的改善。困难之处在于，据证实，当患有帕金森病及其他脑部疾病时，沙可那种只描述了特定区域的方法过于简单。事实上，虽然在患病初期，某些区域可能衰退的更快，但是这些患者的整个脑部（包括大脑皮层在内）最终都将退化。

在过去的 30 年中，人们做了许多研究和努力，试图将这些疾病的病因和神经元中的蛋白质联系起来。1912 年，在阿尔茨海默实验室工作的弗雷德里克·莱维（Frederick Lewy）在对帕金森病进行研究时发现，痴呆患者的神经元中出现了球形的蛋白质团块（如今被称为莱维小体）。包含了这些结构的蛋白质已经被查明，如今被称为共核蛋白。这是一种充足的蛋白质，在整个神经元中，特别是在轴突和突触处，被高度表达。据说，这种蛋白质被包在运输小泡中，其中充满了用于突触处释放的递质。当一个神经元即将死亡时，这种蛋白质自身开始彼此捆绑在一起。它的工作方式和维可牢尼龙搭扣差不多；其在形态上的微小差别，使其能够紧紧地缠绕在一起。由于它持续地自我彼此捆绑，就像将十亿块磁铁扔进一个房间，使它形成了环状的莱维小体。

对阿尔茨海默病患者的尸体进行病理解剖后发现的那种围绕着死亡神经元的蛋白质，被称为 β 淀粉样蛋白和 τ 淀粉样蛋白。当它们在细胞死后堆积时，就形成了斑块和缠结。在脑部，它们像管子上的锈迹一样，在神经元旁边不断地堆积。

研究显示，所有这些蛋白质在神经元机制中被大量表达，并成为了最充足的蛋白质。当神经元因这种疾病而死亡时，蛋白质在细胞周围越堆越多，也就没有什么可奇怪的了。研究显示，帕金森病中受到影响的蛋白质，也会在阿尔茨海默病中被堆积起来，反之亦然。

帕金森病的遗传方式，完全与那些在细胞中被高度表达的蛋白质（包括共核蛋白）的突变联系到了一起。突变导致共核蛋白出问题，继而引起帕金森病，这使得许多研究人员认为，共核蛋白就是病因。然而，这就像看着一个被炸毁的城市而抱怨废墟一样。

当然了，某种像共核蛋白一样的充足蛋白质出现基因突变，可能会导致患病。事实上，这只是一种期待。但是，由于它位于神经元中，研究人员曾试图观察共核蛋白会与哪些东西相互作用，另一个目的则是尝试找到病因。这是一项科学上的侦查工作；他们看到了一具死尸，并观察与死者相关的事物，以便找到凶手。但是如果所有人都死了的话，谁是凶手呢？发生了突变的情况下，与那些在年老之后患上了脑部退行性疾病的人所遭遇的相比，人们所患其他疾病更容易被预见到，并且发病时更年轻。

关注这些疾病中神经元的作用，主要是因为卡哈尔的神经元学说，以及电研究的逐渐兴起。令人惊讶的是，在 21 世纪之前，几乎没有人对神经胶质细胞进行过研究。由于没有证据表明它们的重要性，研究人员就完全地忽略了它们。但是正如威利·旺卡（Willy Wonka）所言，"你们永远、永远都不要质疑那些没有人有把握的事情。"

1993年，杜克大学医学中心的研究人员们通过将偶发性疾病与载脂蛋白E基因联系在一起，在阿尔茨海默病的研究上实现了一个重大突破。当这种基因较多时，患阿尔茨海默病的几率将从20%提高到90%，而且与那些没有额外基因的人相比，这种疾病的平均发病年龄会从80岁降至68岁。拥有这种基因的人在到达80岁时，几乎会确定无疑地患上阿尔茨海默病。对于所有的脑部退行性疾病而言，以前的头部损伤都是一个危险因素。如果载脂蛋白E额外多出了一个基因，而且患者之前曾有过脑外伤，他在今后患病的几率就会大很多。这种蛋白质在星形胶质细胞中被高度表达。它在细胞外努力工作，往返穿梭运送胆固醇和脂类。近来，研究发现，它与帕金森病也有关。

星形胶质细胞和神经元一起工作；神经元将信息从感官传输到星形胶质细胞，而且在运动层面上执行星形胶质细胞的指令。星形胶质细胞为神经元提供保养服务，就像城市提供道路保养服务一样，以便它们能够始终执行高速传输的功能。星形胶质细胞在对神经元的保养过程中，需要吸收谷氨酸———一种如果在突触处堆积就会变得有毒的递质。星形胶质细胞还能够吸收额外的活性氧——线粒体生产能量时的毒副产品。如果没有被消耗掉的氧漫游穿越细胞，它就会变得有害并导致细胞死亡，这种破坏性被称为"氧化应激"。相比健康人，帕金森病患者黑质中的多巴胺能神经元，更容易受到氧化应激的影响。对此，除了星形胶质细胞没能保养好神经元之外，不可能有其他解释。

当 β 淀粉样蛋白从神经元漏出时，星形胶质细胞也会将它吸收掉。神经元死亡时，在其周边形成的斑块中充满了 β 淀粉样蛋白。这种蛋白质之所以会堆积，很可能是由于没有星形胶质能够将它们清除掉。

谷氨酸——大脑皮层和上运动神经元释放的主要递质，如果在肌萎缩侧索硬化中无法分解的话，就会淹没神经元并杀死它们。1992 年，约翰·霍普金斯（John Hopkins），杰弗里·罗斯坦（Jeffrey Rothstein）发现，肌萎缩侧索硬化可能就是开始于谷氨酸转运体出现问题。现在知道，这些转运存在于星形胶质细胞的细胞膜中。星形胶质细胞会在突触处吸收谷氨酸。

对于星形胶质细胞而言，要去分解和清理破坏性分子和蛋白质是有其意义的，因为它们需要高速神经元连接将信息传递到很远的距离，以便身体将它们的想法付诸行动。星形胶质细胞不会将某些多余的神经元通信清除掉，因为它们处于从属地位——它们之所以这么做是因为它们是统治者。正如我们必须对我们城市旁边的道路进行保养一样，星形胶质细胞也必须对神经元进行保养。星形胶质细胞可以接近血管，血管不仅提供营养，而且在神经元燃烧能量产生堆积废物时，血管还可以充当垃圾场的角色。证据表明，当载脂蛋白 E 的功能出现某些问题，或者星形胶质细胞无法扫除蛋白质、递质或氧化应激的副产品时，星形胶质细胞就是脑部退行性疾病的病因。

在另一个研究中，星形胶质细胞和神经元被放到同一个培养皿里进行培养。大量的 β 淀粉样蛋白被加入到细胞中，星形胶质细胞中发出了钙波，而且它们还把神经元杀了个精光。通常情况下，β 淀粉样蛋白会被星形胶质细胞吞噬掉，但是如果数量太多的话，星形胶质细胞只能认为神经元要死掉了，因而过早地对它实行了安乐死。大脑不能保留一条被破坏到无法维修的道路。星形胶质细胞会到各处去清除掉它们的邻居。

其中的一个便能够与 10 000 个神经元突触相接触的星形胶质细胞，在大脑皮层中提升了进化阶梯。它们是人类大脑皮层中最丰富的细胞；它们是大脑皮层中唯一的一种再生细胞；并且，它们能够在错综复杂的钙波中彼此通信。它们可没有时间闲逛混日子。

在老化的问题上，研究认为，神经元的减少是我们年老时认知减退的结果。进一步考察之后发现，当我们年老时，神经元数量似乎是保持不变的。然而，一种被称为"星形胶质细胞反应"的现象，有较高的发生率。作为对创伤、老化和脑部疾病的回应，一种叫作胶质细胞原纤维酸性蛋白的蛋白质，或更常被称为 GFAP，会在星形胶质细胞里被表达。1972 年，斯坦福大学和加利福尼亚州帕洛阿尔托市退伍军人医院的研究人员，将细胞切开，探索某些特定的不再对神经元有效的蛋白质的免疫反应，研究证明，GFAP 为星形胶质细胞的一个标志物。GFAP 在整个大脑中都是很丰富的，包括在大脑皮层里，它同时也是一个标志物，用来证明在脑室附近的星形胶质细胞正在分裂。较高的星形胶质细胞反应，在患帕金森病时会发生在黑质里，在患阿尔茨海默病时会发生在海马体中，在患肌萎缩侧索硬化时会发生在运动皮层中——更不要说一般意义上的大脑皮层了。

GFAP 也是这样一种蛋白质，它存在于大脑中那些不断增殖的细胞当中，这种细胞是细胞得以再生的根源，同样也是这种细胞在不断填充着嗅球和海马体。这些都是同一类细胞，它们在我们一生中不断在大脑皮层中增殖。在我们不断衰老的过程中，这是唯一一种成为了细胞增殖根源的细胞——星形胶质细胞。

上了年纪后，大脑不断地努力使它的神经胶质细胞得以再生。在我们的大脑中，我们每个人都有一个固定不变的星形胶质细胞更新率。随着时间的迁移，这个比率对于我们而言是独一无二的。然而，如果这个比率逐渐下降，星形胶质细胞的死亡速度快于其被补充的速度，我们就会患上脑部退行性疾病。我们年老时，达到了生物极限，星形胶质细胞的增殖就不会那么快了。这种更新率的不足，可能就是导致诸如阿尔茨海默病、帕金森病和肌萎缩侧索硬化等疾病的原因。

人们认为，脑部退行性疾病患病初期嗅觉的丧失，是疾病起因的一个标志，说明神经胶质细胞的更新率不足了。

对星形胶质细胞研究禁令的解除，正在将我们引向一个令人吃惊的新方向。即使是未患痴呆的正常老年人，在对他们的大脑进行分析时，也能在神经元上看到斑块、缠结和莱维小体——只是没有达到像阿尔茨海默病患者奥古斯特·德特尔的程度而已，但是足以说明这是一个自然的老化过程。如果星形胶质细胞能清扫这些蛋白质的话，那么在患病的情况下，星形胶质细胞很可能出现清扫力度不足的情况。星形胶质细胞数量减少和疲乏，都会导致神经元所释放出来的蛋白质和分子的毒物堆积。

如果帕金森病持续下去的话，患者开始出现与阿尔茨海默病患者类似的认知减退和痴呆的症状。患有阿尔茨海默病后，最终将出现帕金森病症状里的运动障碍。在这两种疾病下，患者都有主要神经元蛋白质堆积的情况发生。莱维小体痴呆是这样一种疾病，它会以像阿尔茨海默病那样的痴呆开始，然后以像帕金森病那样的运动障碍结束。实际当中，患有阿尔茨海默病的人会有一些莱维小体，而患有帕金森病的人会有一些斑块和缠结。

研究还发现，在帕金森病中，多巴胺表达神经元并不是唯一退化的神经元；传递谷氨酸和递质 γ－氨基丁酸（GABA）的神经元也受到了影响。肌萎缩侧索硬化的主要特征是通过脑干向下传导的上运动神经元退化。然而，如今发现，其他区域也会退化。在阿尔茨海默病中，也会发生相同的情况；海马体和大脑皮层是受到攻击的地方，这会导致记忆丧失，但是这些并非唯一退化的区域。

然而，在脑部退行性疾病当中，很显然的一点是，在患病初期，对某些人来说，最初受到攻击的是他们的运动功能，对另外一些人来说则是大脑皮层，对其他一些人来说还可能是海马体，等等。由于已知大部分的脑部退行性疾病都彼此关联，并将最终导致整个脑部的退化，所以我们不需要把所有患有阿尔茨海默病的人都聚集到一起，相反，尝试努力去了解一下，为什么某个人的脆弱区会最先出现在基底神经节处，而另一个人的脆弱区则出现在大脑皮层区，将会是一件更有趣的事情。

在对肌萎缩侧索硬化的研究中，大部分工作都被投入到了神经胶质细胞上，这是因为大脑皮层中神经元所释放出的递质——谷氨酸是具有毒性的，而已知的关于星形胶质细胞对谷氨酸的摄入和释放，要归功于 20 世纪 80 年代末 90 年代初的复杂研究。然而，对于受体、蛋白质和所有分子层面事物的关注，可能忽略了一个关于细胞的基本问题：神经胶质细胞的自我更替速度没有以前那么快了。

在发现其他症状之前，患者首先注意到的是嗅觉失灵这一事实。通常情况下，为了对漂浮在我们周围环境中的转瞬即逝、变幻莫测的分子做出反应，这个区域的细胞会持续不断健康地更新换代。这个区域中所充满的就是星形胶质细胞。如果在我们的生活中，我们这种惯常的星形胶质细胞更新出了一些状况，会发生什么事呢？如果我们像使用一块肌肉一样地在使用我们的思维，以便实现持续快速的生长，但是之后外界环境或我们身体的一个反应导致其扭伤了，会发生什么情况呢？我们不能像爱因斯坦一样比正常人生产出更多的星形胶质细胞，我们可能思考困难，也可能记忆力出了问题。当信息由感官传输进来时，神经元释放出来的递质，可能无法被足够的神经胶质细胞消灭和处理；然后我们的思维过程就有可能出问题。当黄金耗尽之后，我们的大脑便从一个繁荣的采矿城变成一个魔鬼城。进出城的道路上长满了风滚草。但是这些道路并没有导致每一样东西都土崩瓦解，风滚草也一样没有破碎。这个城镇出了一些问题，我们只有想办法拿回黄金，才能使它才能再次繁荣起来。

神经胶质细胞能够清除掉在神经元外面堆积的多余蛋白质，为以下这种"神经元中心"的观点提供了支持，即神经胶质细胞只不过是一种支持性的细胞——在神经元吃完一份牛排之后，神经胶质细胞负责洗刷盘子。然而，即使事实如此，也不能成为对神经胶质细胞缺乏研究的借口。

更有可能的是，神经胶质细胞就像一个待命的高速公路建筑队，当道路上出现了很多坑洞时，努力对道路进行维修。它们必须对其所保养的道路进行清扫，以便当它们指示一个神经元进行远距离信息传输时，它们所发出的信息能够被执行到位。当神经胶质细胞的正常再生率降低到正常速度以下时，其结果就会像流行性黑死病袭击了神经胶质细胞城一样。神经胶质细胞的数量会减少，无法对它们的神经道路进行维修，蛋白堆积会像坑洞一样越来越多。最终，神经元将开始死亡，大脑中充满了死亡的神经胶质细胞和破烂不堪的道路———一片废墟。

近来的许多研究试图对神经干细胞和神经前体细胞加以利用。但这种做法未获成功，因为如果将更多的神经元添加到大脑中，即使它们建立了更多的连接，它们还是无法良好地工作。没有了神经胶质细胞的控制，它们将漫无目的地放电。

还没有人尝试用成熟的星形胶质细胞进行注射和替代治疗。控制星形胶质细胞植入或许能够帮助我们了解，神经胶质细胞是否真的就是问题所在。当研究人员能够精确地确定一个人的星形胶质细胞更新率时，他们就能够尝试使这个比率保持不变。由于星形胶质细胞在我们年老时无法得到充分补充而导致的疾病，就可以被阻止。

最悲惨的情况是大脑皮层开始萎缩———它会在患病时萎缩。大脑皮层中数量最多的细胞就是星形胶质细胞。1906 年，阿尔茨海默自己提出建议认为，星形胶质细胞很可能就是他所命名的这种疾病的病因所在。然而，在 1906 年那个时候，像这样的建议是不会被人们严肃对待的，那一年卡哈尔在诺贝尔奖演讲台上，发出了他咄咄逼人的挑战。

从本质上来讲，无论脑部疾病是由神经元还是星形胶质细胞导致的，对星形胶质细胞的研究都势在必行。已知的星形胶质细胞能够清扫掉多余的神经元蛋白质和递质这一点表明，星形胶质细胞研究将使患者受益，即便并非如此，或许也要比仅盲目关注神经元的研究更有利于患者。即使还有另外一个促发物导致了星形胶质细胞更新不足，继而导致神经元死亡，对星形胶质细胞的研究也是找到治愈方法的唯一途径。

第 13 章　不要伤害我

生物进化造就了今天的我们，不是很完美，只是简单地作为一个物种以现有的状态存在着。大脑的某些方面及其不同功能所处的位置看起来似乎完全是无计划、随意安排的，比如说大脑在头盖骨中的褶皱方式。当你后退一步观察这些时看不出任何意义。然而，脑干隐藏于大脑基部这一点确实让我们受益匪浅，因为如果我们从正面撞到墙上而未能幸存的话，那我们就没有机会去考虑自己是如何进化的了。

脑干深深地隐藏在大脑的基部，是因为它控制着我们至关重要的功能活动，比如呼吸和心率。所以如果你想自杀，开枪时最好是瞄着口腔后部，而不是上腭，不然的话，你击中的仅仅是大脑的前部，然后会在那儿躺上一整天，直到医务人员发现你还活着。

随着时间的流逝，古代其他的医疗手段没有流传下来，但我们知道早在 10 000 年之前，大概就有了对于脑损伤的治疗。我们发现远在古埃及时代，就有了被钻过孔的颅骨（有开孔的迹象），同样的现象在印加文明中也有。这种手术也可能是治疗精神疾病的手段，用以摆脱恶魔的束缚，但种种迹象似乎表明，接受手术的人忍受了一些创伤性损害。

脑损伤有两种：开放性颅脑损伤和闭合性颅脑损伤。开放性颅脑损伤会导致局灶性脑挫伤，当颅骨开裂引起大脑直接受损时，就会产生局灶性挫伤。枪伤就是一个例子，这种情况下，头颅被损坏，子弹直接毁掉大脑。19 世纪广为人知的盖奇案例是一个典型的例子，铁路工人菲尼亚斯·盖奇（Phineas Gage）在协助维修铁路时，意外地让一根道钉碰到了一些炸药，结果引爆了炸药，道钉穿入他颧骨的软组织，穿过眼窝后面，向上从前脑穿了出去。

令人意外的是，除了头顶出口处的伤口外，并没有其他地方骨折，视神经也未受损，除了被铁路道钉削过的大脑部分外，其他一切都是原封不动的。而这次事故的后果是盖奇的性情大变，之前那个努力工作的铁路工人变得残暴疯狂，无法控制自己的行为。受损最严重的部位是杏仁体和额叶，我们知道这两个部位都有调和性格的作用。有关开放性颅脑损伤的研究让我们明白，大脑的某些区域是专管某些功能的，下丘脑的损伤会引起人过量饮食，下丘脑稍靠下的部位受损会让人变得很好色。

对开放性颅脑损伤的主要研究发生在战争年代。第一次世界大战期间，最常见的伤口就是头部枪伤，因为双方打的是堑壕战。德国人更喜欢让伤口就那么敞着，这样可以让其保持呼吸，但英国和美国的主流理论是清创术或缝合伤口。美国人和英国人的方法在第一次世界大战时也同样很流行，因为保持伤口裸露，往往会导致感染和死亡。

第一次世界大战后，大家意识到移动手术机械包有很多好处，并开始在第二次世界大战时使用，这样可以直接让医生上前线挽救更多的生命。亚历山大·鲁利亚（Alexander Luria，1902—1977 年）是苏联的一名外科医生，他研究了从德国返回后遭受精神疾病和脑损伤折磨的士兵。1948 年他发表了一本令人吃惊的简短的书，描述了脑损伤的许多方面，标题叫作《脑损伤后的功能重建》（*Restoration of Function after Brain Injury*），直到 1963 年这本书被翻译成英文，西方世界才开始了解他的研究。他最著名的作品是《一个活在破碎世界的人》（*The Man with a Shattered World*），这本书记录了一个有关终身脑损伤的有趣案例，直到他死后 10 年才被翻译成英文。

研究士兵的过程中，鲁利亚确定原发损伤后会产生继发性损伤，几天或几个星期之后脑细胞会发生继发性病变。经证明，这一想法是非常正确的，同时也是研究人员们的一大难题。如果他们可以治疗原发损伤，那么怎样才能治疗紧随而来的继发性病变呢？它是另一个完全独立的事件。可能造成继发性损伤

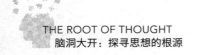

的原因是，星形胶质细胞没有能力帮助神经元或者向神经元发射信号，如果是这样的话，刺激星形胶质细胞生长有可能就是对抗继发性损伤的办法。

两次世界大战期间，在脑损伤的治疗方面取得了很大进展，但是到了越南战争期间，这些成果就显得过时了，再没取得任何新的进展。1971 年，一项关于 2187 例开放性颅脑损伤的记录中总结道："之前建立起来的战争神经外科的理论被证实并被推荐继续使用。"

第一次世界大战时的堑壕战也催生了质量更加可靠的钢盔，它可以轻易弹飞子弹。然而，钢盔本身也带来了另外一个问题，那就是另一种脑损伤，叫闭合性颅脑损伤或弥漫性轴索损伤，发生在颅骨并未破裂的患者身上。1705 年，法国一个被判以酷刑的囚犯决心自杀，他在地牢里奔跑了 15 英尺 [①] 后撞向石墙，当场毙命。负责研究这次事件的外科医生亚历克西斯·利特雷（Alexis Littre，1658—1726 年）并未发现任何颅骨或大脑损伤。此后很多年人们都在引用这项研究，但直到最近大家才明白是什么对闭合性颅脑损伤患者造成了那么严重的损伤和伤害。

因为头颅紧闭着，所以肿块无处可去。据说只有从高于身高的地方摔下来才会对大脑造成严重的损伤。但是我们经常会身处非常高的建筑物里，或在足球场上相互碰撞，或是飞速驾

---

① 1 英尺 =0.3048 米。——译者注

驶，或是以 30 英里的时速从山上骑自行车下来，所有这些行为促使人们必须发明头盔。

当然，头盔的作用也仅限这些方面，就像宋飞（Seinfeld）对跳伞运动描述的那样："如果你从飞机上跳下来时降落伞没有打开，那么就变成了头盔戴着你来保护它自己了。之后，它会对其他头盔说'戴着他真好，不然我就会直接撞在地面上了。'"即使在不像跳伞这么极端的事件里，情况也是一样的，无论戴不戴头盔，大脑在头颅中的震荡都能导致同样程度的损坏。在伊拉克战争中，士兵最常经历的是大脑弥漫性轴索损伤，虽然他们都穿戴着盔甲，但当因爆炸被甩出去时，他们无法阻止大脑在头颅中的震荡。

为了足球运动而开发出来的更先进的头盔不但未能减少脑震荡，反而导致了更多。20 世纪早期的足球运动特别粗暴，所以罗斯福总统考虑禁止这项运动。近几年，这项运动有了更专业的设备来保护运动员，但是相比之前的头盔，新设备所带来的压抑感要引起更多的脑震荡。不过严重的颅骨骨折确实极大地减少了。

在其他领域也存在着设备安全技术所带来的天下无敌感。在拳击运动中，当手套成为标配时，挥动的胳膊就变成了一个重重挥下的铁砧板，皮手套被汗液所浸透，变得像石头一样坚硬，非常沉重。这就是为什么现代手套要设计成光滑而防水的。

当大脑在头颅中震荡、旋转时，长长的轴突延伸到皮质之外，向下延伸到大脑下部，随后脊髓会被修剪和拉伸，这种拉伸会引起不利的损坏。这时我们的星形胶质细胞会赶来营救，白质中的星形胶质细胞反应是很有影响力的。当某人陷入昏迷，他很少会像肥皂剧演的那样自己苏醒过来，多数人都会在虚弱中度过余生。只有极少数的案例中，他们可以苏醒并能说话或能走路，但通常再也不能跟昏迷前一样了。

法国军事外科医生让·皮埃尔·伽马（Jean-Pierre Gama）是第一个研究闭合性颅脑损伤的，他把果酱和一些线放到罐子里，然后开始摇动，观察线（白质）和果酱（灰质）是怎么运动的。这是 19 世纪早期的一次尝试，目的是弄明白快速撞击下大脑在头颅中是如何运动的。但是一罐果酱必然无法告诉我们神经胶质细胞在应对创伤时的强大反应。

有关脑损伤的多数研究，都是在尝试找出保护神经元的办法。人们深入研究了大脑所承受的力量值和速度值的计算公式，以及由此引起的神经元变性程度。但是理解如何治疗脑损伤的关键也许是星形胶质细胞以及它们如何修复神经元。首先，最重要的就是受伤后立即对神经元进行保护；其次，阻止神经元继发性病变的唯一办法就是影响星形胶质细胞，通过操控其生长和再生属性让其变得更加强健和有益，使其去修复受损区域。

在头部中枪的事件中，星形胶质细胞疗法可能是唯一的让大脑部位重新生长的手段。人们知道，大脑受伤后星形胶质细胞能在大脑中引起伤疤，我们可以把胶质疤痕看作是件好事，就像肌肉受伤后出现疤痕一样。我们的目标是，重建被破坏性力量毁掉的那部分大脑。

脑损伤和脑中风中，当组织被 GFAP 染色时，星形胶质细胞就会活跃起来，在使命的召唤下，许多蜘蛛状的星形胶质细胞会来到受伤区域周围。从 20 世纪 70 年代开始，也就是发现 GFAP 之后不久，人们就知道当星形胶质细胞处在受伤部位附近时，它们的数量会激增。研究中一个非常有趣的方面，是观察两个标记物是否会同时出现。比如，研究人员观察 GFAP 是否也是由那些被胸苷标记的细胞（也就是正在分裂成新细胞的细胞）表达出来。通过这种办法，他们可以弄明白星形胶质细胞是否分裂并对星形胶质细胞和神经元标记物进行比较。神经元是不会分裂的，但是研究人员注意到星形胶质细胞会激增，并尝试取代受损区域的细胞，最终生成一个疤痕。

然而这个发现并没有让当时的研究人员满意，所以他们并未继续研究如何通过增加星形胶质细胞来保护大脑。那时，研究人员们盲目地热衷于研究神经元，所以没有太留意这一发现，并决定不再沿着这个方向继续研究下去，而是转头去研究制造神经元的方法了。因为知道可以在培养皿中用胚胎干细胞培养出神经元来，所以研究人员们认为把这些细胞植入大脑可以使神经元重新生长，但至今这个想法都没有带来任何值得注意的成果。

但是研究星形胶质细胞为什么会在受损大脑组织附近扩散，

也许能让我们洞察到怎样帮助大脑存活并再生长。如今，我们知道，星形胶质细胞是成年干细胞，最终能在某些部位生成神经元，并且能在所有的部位进行自我更新换代。受伤后，如果可以在第一时间保护神经元，然后就可以通过操控星形胶质细胞先天的再生能力来找到有效的治疗脑损伤的办法了。

至今，人们仍然认为，星形胶质细胞结疤是在妨碍生长。卡哈尔用猫做了实验，残忍地损坏了猫的大脑并让其存活了较长一段时间后，他取出猫的大脑进行分析。他发现神经元无法跨越神经胶质细胞形成的疤痕而生长，所以他得出结论认为，并不是神经胶质细胞在尝试着拯救大脑，而是神经胶质细胞在一定程度上妨碍了修复大脑所必要的神经元生长。然而，由于这种让猫经受了巨大痛苦的大脑切片被破坏得实在太严重了，很难完全修复，所以他没有注意到神经胶质细胞其实提供了非常有益的帮助。

将神经元干细胞植入大脑也不能帮助它跨过星形胶质细胞疤痕进行生长，星形胶质细胞还以某种方式阻止神经母细胞在受损部位生长。但想一想我们皮肤上结的疤，疤痕部位的凝结物质倒确实能修复伤口。

失去了主管语言的大脑部分，就像被截掉一条腿一样。对于人类来说，想重新长出一大块大脑就像再长出一条胳膊或一条腿一样困难。而一些无脊椎动物却可以重新长出肢体，比如海星、蚯蚓或水蛭，但人类不能。

　　星形胶质细胞的增殖，有益于我们大脑中不断变化的信息和思想；从作为想象力和创造力的所在地这一角度考虑，星形胶质细胞是负责修复脑损伤的主力细胞。它的持续增殖在受伤部位会加快，并且能修复随着时间推移而在大脑中出现的裂缝。然而，在类似枪伤或道钉像龙卷风般击穿大脑这样的外伤事故中，却需要很长的时间才能修复。

　　有一件人们都知道的关于胶质细胞的事情，那就是它们对任何损伤都会做出反应，如酗酒者的大脑那样。当解剖严重酗酒者的大脑时，会发现许多 GFAP 表达细胞，跟帕金森病和阿尔茨海默病一样，多年大量酗酒的人最终会遭受大脑损伤。胶质细胞的反应可能是：在对抗酒精入侵的战役中，由星形胶质细胞尝试着去顶替家族中已经牺牲的成员。

　　星形胶质细胞被破坏后会出现认知问题，神经元也因此失去了保养条件，开始恶化。酒精侵袭的大脑部位叫作乳头体，由于酷似在脑干顶部长了两个乳房而得名，它们似乎控制着与视力和皮层信息整合有关的功能。随着许多细胞相继死去，严重酗酒会引起 Korsakoff 综合征（又称器质性遗忘综合征），患者的症状与阿尔茨海默病患者的症状一样。

　　脑损伤也会导致类似的情况，在受损部位做出反应的星形胶质细胞会尝试着顶替被损坏的同伴。有健康的星形胶质细胞，就有健康的神经元，这是事实。

　　中风时大脑血管中的斑块会导致斑块区域附近的细胞缺氧，

这个区域的星形胶质细胞就会死掉，然后氧耗尽区域以外的星形胶质细胞就会做出反应，尝试顶替该区域的星形胶质细胞。但众所周知，关于中风的多数研究和响应工作也都是围绕神经元替代干细胞疗法展开的。因为在脑中风和脑损伤的案例中，很明显保护神经元也是非常有用的。但是，要从脑损伤和脑中风中全面恢复过来，细胞再生和细胞更替发挥着更大的作用，从这个角度讲，研究工作显然应该更多地放到星形胶质细胞上面。

脑损伤研究中一个主要的支流是瓦勒变性——由于轴突被拉伸和破坏，每个轴突的末梢都会退化，最接近细胞体的一端作为残肢待在那里。受损后，从脊髓延伸至肌肉的神经会缓慢再生，最终能再次延伸出来。

轴突不会在大脑里再生，弥漫性轴索损伤中，轴突被切断或剪掉后就会退化，细胞会死亡。构成细胞内大块结构的蛋白质，可以在距离大脑细胞最近的残肢里积聚，积聚的蛋白质中最主要的成分是淀粉样前体蛋白（amyloid precursor protein，APP）。把 APP 切开成两半，能产生 β 淀粉样蛋白，它是与阿尔茨海默病有关的蛋白质。这种蛋白质的积聚数量非常大，所以如果不能被神经胶质细胞吸收的话，它就会在细胞里集结成块。它也是在健康细胞里顺着轴突向下传输的主要成分之一。

脑损伤与退行性疾病有关，主流理论是：对神经元的损伤会以某种方式开启一个逐步发展成阿尔茨海默病或帕金森病的过程，人们认为这是因为脑损伤能引起活性氧释放和氧化应激。对于细胞来说，活性氧是毁灭性的，而且细胞外的钙可以进入到神经元并毁坏细胞。

我们知道脑损伤能引起氧化应激，而星形胶质细胞可以抵消氧化应激；我们也知道，死亡了的星形胶质细胞随后会留下钙记号。活性氧从细胞里漂流出来，无处可去；钙漫无目的地到处游走，这可能也是由死亡星形胶质细胞导致的结果。如果没有星形胶质细胞，神经元没有办法应对活性氧和过量的钙，所以最终神经元也会死亡。星形胶质细胞的死亡引起神经元死亡。

如果星形胶质细胞接替死亡同伴的速度不够快，而且有些已经死亡了，那么活性氧就会杀死这个区域里所有的神经元。因此，如果能及时补充星形胶质细胞，就可以避免由脑损伤导致的神经退行性疾病。然而，几乎所有关于氧化应激的研究，都完全集中在神经元及如何从这一过程中拯救神经元上。如果没有星形胶质细胞，神经元必然在劫难逃，它们根本无法工作，就好像工厂解雇了全部员工之后生产线的传送带突然坏了（除非你有超能力让传送带神奇般恢复运转），但已经没有人力去让传送带恢复运转了。

这就是目前脑损伤、中风以及这个领域其他疾病的多数研究所面临的问题。我们已经积攒了很多证据来证明星形胶质细胞的重要性和可能具有的统治优势，但在每一项研究开展时依然认为应该以神经元为中心。这就好像有人站在你的头上喝了一杯水，让问题变得愈加沉重。

脑损伤研究是一项龌龊的工作，有两种不同的研究模式：一种是使用活塞式机器，去除大鼠或小鼠的颅骨板后直接猛击其大脑；另一种是用一块大砧板去猛击装满盐水的大管子，它就像一个针筒有棒球棍那么大的注射器。实验员可以调节机器，确定他们希望的液体的输出量，接着切开头骨，落下砧板，让水泼到大脑上，对它进行压缩，引起损伤。这两种模式都是20世纪70年代时由汽车行业开发的，目的是了解当顾客驾驶时速达到55英里并撞到砖墙上时他们都会经受什么。

这两种实验模式都会导致开放性颅脑损伤。引起闭合性颅脑损伤的方法，是将一块金属板贴到大鼠大脑的颅骨顶端，然后让一个铜块落到金属板上。这些模式已经提供了各种各样的细胞层面的保护大脑轴突的信息。

另一种观察闭合大脑中旋转力量的方式，是将大型动物的脑袋放到台钳中，然后使劲摇晃。因为一次事件，这种实验被非正式禁止了，那次事件中有人囚禁了研究人员并让他们对猴子实施这种实验。如果你没有实验员那么麻木不仁，那么观察这种实验的操作过程完全会让你呕吐。不过，目前我们所了解的大多数关于受损后大脑的状态信息（无论是好是坏），都是来自于这些研究。由于这些龌龊的实验方式，脑损伤研究进展非常缓慢，另外一个原因是缺乏对神经胶质细胞的研究。

　　细胞生成研究非常有趣，许多报告显示，神经胶质细胞分裂的最终会导致受到钝挫伤的大鼠和小鼠的大脑中长出新的神经元。研究还没有确定脑损伤后发生的星形胶质细胞更替的数量。

　　比成人经历更多脑肿瘤和星形胶质细胞生长的儿童和婴儿，能更好地从脑损伤中恢复。如果成人可以经历相同的再生长，也许他们就能恢复得更好一些。他们可能会想不起过去的信息，他们的性情可能会改变，可能需要重新学习已经学过的一切，但是因为拥有了可以利用的星形胶质细胞，所以也就拥有了去完成这一切的能力。

　　对于对增强了的固有细胞生成进行控制而言，这一暗示意义非凡。如果研究人员能够通过某种方法确定是什么机制使得星形胶质细胞能够以这种方式更新，他们就可以切实地修复大脑了。

　　至今，主流观点仍然是用胚胎细胞重塑神经元，而不是尝试了解如何替代星形胶质细胞，或如何去影响更加有建设性的星形胶质细胞生长。在不久的将来，越来越多关于星形胶质细胞的研究会揭示大脑受伤时星形胶质细胞所发挥的作用，研究人员们有望为患者带来以细胞为基础的治疗手段。

第 14 章　活跃再生的神经胶质瘤

　　星形胶质细胞维持适当的更新率，才能带来一个健康的大脑。如果星形胶质细胞无法使其自身实现足够快的更新换代，就会出现无法实现细胞通信的废墟，将其自身暴露在神经退行性疾病当中。当其对神经元传递给它的周边环境中的线索进行处理时，这一废墟无法提供足够的意识水平。星形胶质细胞的钙泡刺激想法在我们的大脑中迸发。加倍的专注、学习和思考，可以创造出足够多的钙波，并且带来星形胶质细胞的更多增长。更多的细胞提高了处理更复杂思想，和在更高水平上对环境进行加工的能力。就像一块被经常使用的肌肉能够提起更重的东西一样，更多的星形胶质细胞也帮助一个人创造出更多的新思想。

　　然而，如果某个促发物导致了星形胶质细胞增长的额外增长——不加抑制且生长迅速——就会导致脑肿瘤。就像圣经中提到的虫灾一样，结果是星形胶质细胞将其所到之处的一切都毁灭殆尽。我们大脑中的细胞就像无性生殖的变形虫一样，能够自我复制。它们只需要能量和食物，对其他的事情则毫不关心。这种阴险的细胞像一堆被丢弃在休伦湖里的小魔怪一样不停繁殖。

我们身体上的肿瘤通常起源于这样一些细胞，它们不稳定，但是其作用却是生产液体，或者持续不断地再生，以应对周边环境。例如，乳腺癌和睾丸肿瘤源自那些生产乳汁和精子的细胞。卵巢恶性肿瘤源自生产卵子的器官。前列腺癌很常见，以至于有人认为，只要到达一定年龄，它将会发生在任何一个男性身上。前列腺是一种异常活跃的腺体，生产出大量的精液。最明显的是，为了应对周边环境，有两个地方不得不再生细胞，那就是结肠和肺。这两个组织是恶性肿瘤的高发区。在肺部，污浊空气意味着，由于灰尘和废物的轰炸，细胞需要持续地更新。同样地，起源于大脑的恶性肿瘤来自于以下两种类型的细胞：生产液体的细胞和经常更新的细胞。

约60% ~ 70%的脑肿瘤源于星形胶质细胞。另外的30% ~ 40%则来自脑膜，即用于生产脑室液的细胞，大脑将其包裹其中。在其生长过程中和成熟之后，星形胶质细胞分裂使用的就是这种脑室液。由于脑膜中的细胞像前列腺一样在工作，因此会癌变。星形胶质细胞之所以会生出脑肿瘤，是因为它们不断地分裂，且更有可能出现导致恶性肿瘤的故障。由神经元

肿瘤会压迫视神经，并导致视力问题（包括失明）。患有脑肿瘤的人，也会经常感到头痛和发生抽搐。

在执行将其从一堆脑浆——负责患者想法和梦的多产之地中移除肿瘤这一棘手任务之前，医生使用成像设备拍照，以便对脑肿瘤精准定位。然后，任何事情都可能发生——人格改变、变成植物人或死亡。最令人恐惧的区域被称为布罗卡氏区，即左颞叶皮层，是语言区所在地。颞叶皮层中的肿瘤，就像坐在大脑一边的一个拳头。对于人类来说，语言是我们所拥有的最重要的功能。没有语言，我们无法与其他人交流，或者清楚地向别人传递信息。这个区域损伤也会破坏非语言沟通；一个通过手语沟通的听力受损的人，其手语沟通能力也将受损。

另一件让医生感到害怕的事，是髓质受到压迫。如果这个肿瘤是一个髓母细胞瘤，或者是破坏了髓质——负责呼吸和其他我们赖以生存的非自主功能的区域的肿瘤，那么将很难实施手术。手术变成了一种非生即死的情况。有时候，肿瘤会像蜘蛛一样伸出手来，看上去酷似一个巨型的星形胶质细胞。在这种情况下，很难将这种恶性肿瘤细胞切除干净。某些位于大脑底部的肿瘤导致了帕金森病，它们从黑质开始，在大脑中扩散生成一个蝴蝶图形，翅膀延伸到了每个脑半球中。

当医生们碰到一些有意思或很特别的事情时，就会公开一些简短的案例。有一个案例和一个被诊断为患了14年帕金森病患者有关。随着这名患者的病症开始日益严重，他看到了绿色和橙色的小猴子在房间里跳来跳去。之后，这个患者报告说，他做了这样一个白日梦：他正在像电影《勇敢的心》（*Braveheart*）中那样的血战中战斗，并且正在被外星人拷打，而在这个梦的高潮处，他看到身着绿色制服的军人正在四处巡逻。

做了磁共振成像之后发现，这个可怜的患者压根儿就没得什么帕金森病，只不过是一个大大的蝴蝶样的肿瘤覆盖了他脑部很大一部分。帕金森病会使患者出现某些幻觉，但这名患者的幻觉比其他患此症的一般患者的幻觉的侵袭性要强得多，所以医生难以确定问题的根源。有一段时期，他们曾将他诊断为患了精神病。

最古怪的案例之一，发生在奥地利因斯布鲁克的一个家庭主妇身上。她的左顶叶皮层中长了一个肿瘤。切除之后，研究人员发现，她在数字计算上出现了困难。她能够熟记一道数学题，但是却理解不了如何乘或除。这与爱因斯坦的超量神经胶质细胞在同一个区域。然而，在这个妇女的案例中，她没有变成一个数学天才，她痛苦于无法在更高的数学层面上进行思考。悲哀的是，研究人员不知道她在手术前是否欠债。毋庸置疑的一点是，数学概念化上的困难正是脑部负责这部分功能的区域被摘除了之后所导致的结果。

在另一个患者身上，肿瘤导致他经历了类似观看发光电影的感觉，有影像在明亮的灯光前移动，像夜晚被照亮的宇宙飞船打开的舱门前跳舞的人一样。手术之后，这个患者经历了那种有人在他的肩膀上空附近若隐若现的无法抗拒的感觉。当这个患者躺在床上时，感觉就像有人和他一起躺在床上一样［如果那个人是娜塔莉·波特曼（Natalie Portman）或者克里斯蒂娜·里奇（Christina Ricci）倒也不是件坏事，但如果是某个不在这个世上的人，就太吓人了］。对这种感觉的最好描述就是，当你正在深夜工作时，有个东西接近了你，其感觉就像屋子里有一个鬼。这种肿瘤在接近脑底部杏仁体的区域。当人的杏仁体被施以电刺激时，他们声称有这种感觉，这是负责情绪调节的区域。

出现的其他一些奇怪的认知问题，会扭曲视觉图像。患者会经历图像追踪现象，就像服用了致幻剂一样。图像还会立刻在附近留下一个物体的后像，类似于在天空中飞过的小鸟掠过后，看起来好像留下了一个卡通后像。

在另外一种情况下，在布罗卡氏区——脆弱的语言区附近的左颞叶中长肿瘤的患者，无法记住名字和日期。在他思想的任何其他方面，完全没有任何认知上的问题。他只是无法记住他的电话号码、地址和日期——曾经铭刻在他大脑中的任意一个重要的电话号码。

另外一种由大脑皮层中的星形细胞瘤所导致的疯狂的感觉中，有一种现象发生在右脑皮层出现肿瘤时。其结果是，感觉到房间里有好多个"我"和"你"在一起，这被称为不离体自窥症。患者认为好几个自己正在房间里走来走去，就像他们被克隆了一样。就好比有人将石头扔向了一面镜子，其他的身体瞬间从镜子中爆飞出去，然后无聊地在四周闲逛。这种经历并非多重人格，但是的确让人认为有好几个人，还全都是你自己，正和你在同一个时空里同时存在着。

所有这些情况都指向这样一个可能性，在肿瘤生长时，星形胶质细胞发挥作用的结果是带来扭曲的行为。在某一特定的时刻，它们变得非常具有破坏性，以至于在那些它们已经侵入的区域中，所有的功能都会被摧毁掉。然而，在刚开始的时候，星形胶质细胞会让人产生多重自我或似曾相识的感觉，这为星形胶质细胞是大脑中想法和信息的所在地提供了可能的证据。布罗卡氏区长肿瘤所带来的问题是，破坏了一个人的沟通能力，那么准确地了解一下患者会经历什么，将会是一件很有意思的事情。然而，实验过程中无法模拟出人类独有的特征——复杂的语言沟通。在小鼠和大鼠身上，恶性胶质瘤似乎不会自然地发生；星形细胞瘤是最突出的肿瘤。在狗身上，找到了与人年老时形成的相类似的肿瘤。在狗的身体内，星形细胞瘤是最突出的，其次是少突胶质瘤，而胶质母细胞瘤则在最常见的脑肿瘤中位居第三。

脑部肿瘤在马、牛、山羊、绵羊和猪身上也会发生。但在动物身上，发生率极低；然而，这些动物通常无法活到其整个生命周期结束的时候。因而可能没有机会患上脑肿瘤。研究发现，狗的肿瘤的发病率也要比猫高很多。斗拳狗、波士顿狗和斗牛犬这几种类型的狗，具有最高的脑肿瘤发生率，这表明，至少对于狗来说，遗传因素在疾病发作中起作用。

据说，在人体内，由星形胶质细胞构成的肿瘤，不会与脑部退行性疾病同时发生。除了多发性硬化症以外，医生不会同时在脑部发现它们。与其他脑部疾病相比，多发性硬化症有其独特性。患有多发性硬化症时，似乎来自于大脑外部的免疫系统袭击了神经元轴突上的髓鞘。星形细胞瘤和胶质母细胞瘤会发生在这些患者身上，很可能是因为多发性硬化症触发星形胶质细胞做出了增长的反应，这种增长可能是由于星形胶质细胞的过度回应而造成的故障，其本意是想要通过自我再生来挽救老化待废的神经元道路，类似于在一座桥坍塌之后，为了对其进行维修而付出巨大努力。

有可能星形胶质细胞有能力走向一个方向，也有可能走向另一个方向，无论哪个方向，都会像疯狂分裂的小魔怪一样，导致癌症或因为未被替代补充而全部死掉，并带来星形胶质细胞废墟，继而引起退行性疾病。脑部星形胶质细胞的正常更新是一个简单自然的过程（见图 14—1），就像肺部的细胞一样，星形胶质细胞通过监测流入脑部的血流，以及对神经元从感官接收到的信息进行加工，来应对我们周围的环境。

当有促发物致使星形胶质细胞疯狂分裂时，它们变得具有侵略性，并只关心一件事：将附近所有的能量都消耗掉，以便实现其更快的生长。它们向脑部的其他区域进军，导致细胞破裂并死亡。这是居住在地球这个星球上的不利之处，在这里每一件事情都和生长有关。植物生长并被生长中的动物吃掉，这些动物再被其他不断生长并会死亡的动物吃掉，之后再被植物生长所用。生长过程有时太快，有时太慢。

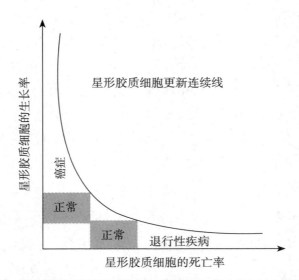

图 14—1   星形胶质细胞连续曲线——星形胶质细胞生长与死亡的比较——
            是正常、健康人脑所需要的

　　当我们运用我们的大脑来创造出更多有益的星形胶质细
胞，用以补充那些随着我们老化而损失掉的细胞，以便使我们
的思想保持年轻时，有时大脑会短路，导致细胞癌变。然而，
神经元几乎不会癌变，神经元只是帮助星形胶质细胞通信的胶
水而已。星形胶质细胞不断地变化、生长和移动。从属性的神
经元因星形胶质细胞的存在而存在。星形胶质细胞容纳着我们的
想法及生存的原因。星形胶质细胞的动机就是我们的动机。我们
的身体像个容器一样，为它们的生存提供支持。身体已经进化
到将这些负责生长且自从有生命以来就存在的细胞包围起来。

第 15 章　再访城市和高速路

当研究人员们在我们大脑这片土地上冲刷高速路时，他们会仔细检查所有的坑洞和路边的废物，就好像它具有重要意义似的。他们认为，为了长距离传输电信号而被炙烤过和恶化了的路面，包含着大脑中的所有信息。现在，当研究人员们将他们的显微镜和设备转向这片土地上的城市——星形胶质细胞时，他们开始了解到我们大脑中的信息位于哪里以及它是如何被生产出来的。

距离卡哈尔在斯德哥尔摩给予高尔基以重击到现在，已经有超过 100 年的时间了。然而，正如卡哈尔打败了高尔基并不意味着他是正确的一样，当迈克·泰森（Mike Tyson）在 91 秒的时间内使斯平克斯（Spinks）惨败时，并不意味着泰森获胜是理所应当的。或许他的拳击哲学就是某些真理的代表，但这只不过说明他是最强壮的。20世纪80年代，人们开始认识到，神经胶质细胞要远比卡哈尔的兄弟佩德罗所认为的要重要得多。

然而，在1906年，发明前进传球的那一年，爱因斯坦奇迹年的下一年，谢林顿正式命名突触这一术语的同一年，卡哈尔是最强有力的。当时，他是比高尔基更敬业的科学家，但却以泥古不化来展现他的敬业精神。虽然他知道神经胶质细胞可能具有重要的功能，但他为了在后代面前保留自己的声誉，而将其与神经胶质细胞有关的蹩脚观点建立在其可怜的兄弟佩德罗之上——一个控制型的人的可耻行为。高尔基的合胞体观点被完全抹杀掉了，神经元学说成为了规则和权威。除非有人想要在其科学研究领域自取灭亡，否则没有人会对其提出质疑。

所以星形胶质细胞现在才得见天日。使人怀有希望的是，随着脑科学领域新一次复兴的到来，研究人员将发现治疗疾病的新途径。大脑中那些最丰富的细胞，不再仅仅是灰泥、胶水或支撑物，还是一种帮助我们思考的活跃细胞。这样看来，在大脑中最丰富的细胞被完全忽略了那么久的时间里，脑部疾病无药可医也就不足为奇了。

神经元-神经胶质细胞二分法就如同鸡和蛋。先有的谁呢？如果你只研究蛋的话，很难做出判断。或许从现在起的100年后，当一个人去看神经科医师或路过神经科学系时，他会问这样一个问题：既然研究已经证实想法住在我们的星形胶质细胞里，为什么要叫神经科学呢？"神经"将会被作为一个十分陈旧的术语来使用，并成为一个有趣的故事，就像冰岛为什么叫作冰岛，而格陵兰为什么叫作格陵兰一样。除了在疾病治疗上有显著意义之外，当研究人员对星形胶质细胞进行更多研究时，发现其更大的意义在于对意识、创造力和想象力的理解。人类大脑皮层中的星形胶质细胞比低等动物更丰富，而且已知低等动物的星形胶质细胞更新发生在诸如嗅球这些地方。

对于我们人类的信息存储来说，星形胶质细胞更新可算为最佳的奠基石。正如老鼠需要通过它的鼻子来了解周边的环境，或许人类已经进化到在一个更高的水平上处理来自所有感官的信息，而大脑皮层中的星形胶质细胞更新则是这一处理过程的主要部分。这或许与鲨鱼皮的进化类似，皮的进化提高了它的游泳速度，并使其在海洋中快速穿梭觅食时，成为了一个更好的猎杀机器。而人类的特殊之处在于星形胶质细胞的更新，其在了解环境方面的进化上，是这个星球上最棒的。

当我们穿越时间的阻碍去理解我们星形胶质细胞中的钙流动时，人类社会行为就进化了。下次你提出一个想法，或观赏一件艺术品、听到一首好听的音乐、观看一部魔幻片或卡通片，想想看它是在哪里萌芽的。在与创造性构想框架相对应的处理信息的区域，一个钙泡会通过星形胶质细胞激发一串（钙）波。当你沉浸于你的想象中时，会产生更多的钙波流动，创造出更多的星形胶质细胞增长。当你决定将你的想法付诸行动时，星形胶质细胞会与邻近的神经元通信并飞快地离开它，而向下传导至你的肌肉。

神经元网络像互联网一样，通过电力来回急速地推送信息；然而，信息却被人们存储在计算机上。虽然大脑中的信息是沿着神经元迅速传递，但是由星形胶质细胞进行存储和控制。

钙是这个星球上最不稳定的离子。它安静地汇集在星形胶质细胞的各个区室内。星形胶质细胞通过神经元和钙离子波在星形胶质细胞间的流动，从感官接收信息。钙泡是创造力开始的地方，而计算机后面的人与其他人流畅地交谈，就像星形胶质细胞中的钙波一样。信息则再一次沿着互联网向下传递。

谁知道呢？想法的来源可能在你的电子、质子、夸克或胶子里。然而，需要知道这个想法是不是正确的细胞，则是星形胶质细胞。

我们假设我们所知道的是正确的，但是我们所知道的也有可能被证明是错误的。比如，从卡哈尔开始的观点认为，我们学习会导致突触被强化，但这或许跟信息处理的起点没有什么关系。如果星形胶质细胞决定着突触的数量，那么除非有星形胶质细胞活动作为起因，否则突触的数量变得不再重要。星形胶质细胞控制着突触数量这一事实意味着，在不考虑星形胶质细胞的前提下研究突触数量，就如同在不试图了解战争中将军和指挥官作战主旨的情况下，仅仅对士兵进行研究。

突触只是离开神经高速路的出口。神经元活动就像没有前戏的性爱一样，它只参与反射和低级思维——仅仅接受感官信息而不进行任何处理。神经胶质细胞才是思考的细胞——信息居住的城市。当神经胶质细胞告诉神经元要做什么的时候，已经完成了对感觉和有效行动的反复思考。近 20 年来，研究人员认为聚焦于神经元毫无意义的暗中抱怨，不再仅仅发生在实验室，勇敢的科学家们撰写了几篇勇敢的论文，将这种观点公之于世。他们之所以被压抑了那么久，就是因为神经元学说太逼真了。它渗透到了脑科学的方方面面。有关这个主题的任何一堂课，都完全忽视了我们大脑中这种最丰富的细胞，而仅仅把它们的功能描述为"为神经元提供支持"。一个实验室的运行需要花很多钱，这会导致无法实现对神经胶质细胞的研究。由于没有专门投入到神经胶质细胞项目上的资金，因此在明知会被拒绝的情况下，研究人员就没有动力去花大量的时间为研究神经胶质细胞申请资助。神经胶质细胞就是浪费时间的代名词。

人们当时的普遍想法是，既然掌控资金的人对神经元感兴趣，那我们就研究神经元。紧跟神经元黑洞的最新进展，给研究人员带来巨额的资金回报，从而诱使他们继续走在跟随卡哈尔的道路上。在卡哈尔死后的很长时间内，仍然在用他紧握的拳头统治着他的世界。

所幸，事情在改变，卡哈尔的掌控不再那么牢固了。有个秘密是生物课不会告诉你的，但是大部分脑科学家都会告诉你，神经胶质细胞和神经元同样重要，或者比神经元更重要。在某些方面，科学会变成一个宗教，今天所信奉的所有东西，都可能在明天就不再受欢迎了。无数条道路有待追随，无数个桅杆的侧支索有待升起，无数个领域有待发现。发现之旅是有趣的、愉快的和奇妙的；然而，无论我们今天信奉什么，真理却常隐藏在它的下面。

对于绝对的真理保持警惕是一件好事。科学随着实验设备的更新而不断更新。在卡哈尔那个时代，很难用当时可行的技术对神经胶质细胞进行研究。同时，也很难对神经元进行研究。然而，随着电力的发现和电动设备的发明，通过实验可以得出更多的推论。

惊人的是，那么多的目光被投向了神经元。如今，人们公认，对神经元的过度关注，已经阻碍了对人类想法和人类疾病治愈等诸多方面的了解。当某件事情被发现时，往往导致另一件事情被随之发现。而另一件事情的发现，可能会将之前的大部分事情都推翻。脑科学发展到今天，神经元的统治地位遭到了质疑，我们可以期待的是，随着公众将注意力集中到星形胶质细胞上，在脑部疾病和脑损伤的研究方面，将会出现更多的成果。

所以，尽情欣赏海浪吧，但要小心鲨鱼哟。

北京阅想时代文化发展有限责任公司为中国人民大学出版社有限公司下属的商业新知事业部，致力于经管类优秀出版物的策划及出版，主要涉及经济管理、金融、投资理财、心理学、成功励志、生活等出版领域，下设"阅想·商业""阅想·财富""阅想·新知""阅想·心理""阅想·生活"以及"阅想·人文"等多条产品线，致力于为国内商业人士提供涵盖先进、前沿的管理理念和思想的专业类图书和趋势类图书，同时也为满足商业人士的内心诉求，打造一系列提倡心理和生活健康的心理学图书和生活管理类图书。

阅想·心理

《思辨与立场：生活中无处不在的批判性思维工具》

- 风靡全美的思维方法、国际公认的批判性思维权威大师的扛鼎之作。
- 带给你对人类思维最深刻的洞察和最佳思考。

《为什么我们会上瘾：操纵人类大脑成瘾的元凶》

- 一本关于诱惑、异乎寻常的快乐，以及头脑中那个虚幻又真实的世界的书。
- 所谓成瘾，不关乎道德，而是大脑在作祟。
- 世界知名神经科学家、艾迪终身成就奖获得者用科学为你解开成瘾之谜。